数理計画と
ポートフォリオ選択モデル入門

西村　康一　著

現代図書

まえがき

　わたしたち個人から企業等の組織レベルまで，問題を解決するときには，所与の条件の下で，できるだけ良い意思決定を行う必要性に迫られることが多い．そのためには，意思決定の目的ならびに制約（条件）が明らかにされる必要がある．つぎに，その制約を満たす代替案（選択肢）が定義されると同時に，各々の代替案の優劣を評価する基準が定められることが必要となる．さらには，その基準に基づいて代替案のうちから'最適な'代替案を決定するプロセスを支援できる仕組み（システム）が利用できるならば，意思決定者にとって望ましい状況にあるといえる．このような意思決定を支援するシステムを構築する上で，数理計画モデル（数学的モデル）は大きな役割を果たしてきている．

　本書の目的は，数理計画（最適化）モデルの基本的な紹介とその応用例としてのポートフォリオ選択モデルを中心に入門的解説を試みることにある．また，一般的な PC ユーザにおいても，Microsoft® Office の Excel は標準的な意思決定ツールとして利用できる環境にあることから，解説内容の紹介にあたり，その標準 Add in であるソルバーおよび Excel の分析ツールの利用を心掛け，ポートフォリオ選択モデル紹介の一部では VBA for Excel におけるソルバーの利用についても触れている．本書では，最適解の探索段階における Excel ソルバーの利用により，それなりの結果が得られる範囲の基本的なモデルを中心に取り上げていることもあり，数理計画における種々の最適化アルゴリズムの紹介は最小限に止めている．ただし，基本となる線形計画モデルの標準的な解法の一つである LP シンプレックス法の紹介は行なった．数理計画アルゴリズムの詳細な解説書籍は多数あり，本書の参考文献リストを含めて参照していただきたい．

　数学的な側面においては，可能な限り初歩的なレベルから数値例を挙げながら説き起こし，線形代数と解析学の初歩的な解説を試みているので，特段の前提知識は想定されていない．このため，数学的記述内容の表現上の簡潔さが若干犠牲になっている嫌いはあるかも知れない．また，数理計画モデルとして周知のポートフォリオ選択モデルは，ファイナンス領域と密接な関連性があることから，モデルの紹介に必要となる最小限のファイナンス関連知識の紹介も行

なっている．しかしながら，本書はファイナンス入門書としては意図されておらず，あくまでも数学的モデルの理解に焦点をあてた紹介に止めていることを指摘させていただきたい．

すなわち，本書の狙いには，ファイナンスに関連する数理計画モデルに焦点をあてながら基本的な数理計画モデルの紹介を試みることがある．併せて，数学的基礎知識もモデルの理解においては必要となることから，数値例に基づきながらモデルの理解において必要となる数学の平易な解説を試みることもある．

本書の構成概要は以下のとおりである．第 1 章では，数学的モデルとはどのようなものか，またそのモデル構築のプロセスとは一般的にどのように捉えられるのかを紹介し，簡単な数値例により数理計画モデルの説明をしている．第 2 章では，数理計画モデルの基本となる線形計画 (LP) モデルを説明し，その代表的な解法であるシンプレックス法の解説を行ない，LP 双対性についても紹介した．第 3 章では，複数の目的を扱う LP タイプの意思決定モデルの紹介を行なった．第 4 章では，ポートフォリオ選択モデルの理解に必要となる非線形モデル (2 次計画モデル) 最適化の理論的基礎を与える Karush-Kuhn-Tucker (KKT) 条件を紹介し，それに基づく基本的解法の概説を試みている．第 5 章では，マーコヴィッツ (Markowitz, H.) のポートフォリオ選択モデルの紹介を行ない，その発展形としてインデックス・モデルの紹介も試みた．

本書の内容が，揺籃期における金融工学についての入門的紹介となっていることを著者としては期待している．同領域におけるその後の発展状況については，本書のレベルを超えていることから触れることができなかったが，入門的'橋渡し'として，本書が何らかの形で読者の一助となれば幸いである．

本著作にあたっては，本務校より半期特別研究奨励制度の適用を受け，研究機会を与えていただいたことをここに併記させていただき，この出版機会につながったことを深謝させていただきたい．

末筆ながら，本書の出版に際しまして大変お世話になりました現代図書編集部次長飛山恭子様初め同社編集部の皆様に厚く御禮を申し上げます．

2017 年 3 月

西 村 康 一

目 次

まえがき iii

第1章 モデル構築プロセスと数理計画モデルとは 1
1.1 モデル構築とその重要性 1
1.2 数学的モデル構築プロセスの概要 —— 問題分析の基本的枠組み 4
1.3 数理計画モデルとは 7
1.4 簡単な投資決定モデルの紹介 8

第2章 線形計画モデル 23
2.1 はじめに 23
2.2 最適解探索プロセスの直観的理解 —— 2変数モデルの図式解法 25
2.3 線形計画モデルの標準形表現 29
2.4 標準形LPモデルの線形代数基礎 34
2.5 シンプレックス法の概説 50
2.6 表形式によるシンプレックス法の適用 —— シンプレックス表 60
2.7 2段階法による初期基底許容解の探索 64
2.8 LPの双対性 70

第3章 多目的計画・分数計画モデル —— 線形計画モデルの拡張 75
3.1 多目的計画モデル 75
    3.1.1 多目的計画モデルの最適解とは 77
3.2 MOLPの効率的な基底許容解を求める代替アプローチ 88
    3.2.1 付順方式による最適化 88
    3.2.2 加重和方式による最適化 90
3.3 目標計画モデル 92
3.4 分数計画モデル 96
    3.4.1 分数計画モデルへの解法アプローチ 97
    3.4.2 分数計画モデルによる効率性評価 —— 包絡分析法（DEA）モデル 100

第4章 2次計画モデル —— 非線形計画モデルへの拡張 111
4.1 非線形計画モデルの数学的基礎 113

4.2　2次形式と関数のテイラー展開 119
　4.3　非線形計画モデルの最適性条件——KKT条件 127
　4.4　2次計画モデルとポートフォリオ選択モデルへの接続 134

第5章　ポートフォリオ選択モデルの展開 145
　5.1　ポートフォリオ分析の基礎 145
　5.2　ポートフォリオ・リターンの期待値と標準偏差 152
　5.3　マーコヴィッツ E-V モデルの概要 163
　5.4　最適ポートフォリオの選択 172
　5.5　2次計画モデル(PQP)と MBM モデルの関係 176
　5.6　インデックス・モデルの展開 185

参考文献 191
索　引 195

第1章
モデル構築プロセスと数理計画モデルとは

1.1 モデル構築とその重要性

　近年のコンピュータ・情報技術の急速な進歩に伴い，マネジメントの諸問題に対する迅速な意思決定が求められており，その基本的ツールとしてのコンピュータによる意思決定に適した形として，意思決定者が熟知している現実の問題が表現される必要性がある．そこでは，表現された問題（システム）から意思決定者が有用な知見を得られるために，システムに内在する重要な関係をシステム変数により抽象化（あるいは単純化）されて表わされた数学的モデルの構築を行なうモデル・ベース(model base)計画手法と問題分析アプローチが適用されることになる．現実の意思決定問題を適切なモデルとして表現するプロセスは，モデル構築プロセス（modeling process）と呼ばれる．マネジメント意思決定においては，培われた直感と経験に加えてこの類の意思決定支援ツールの活用が必須になるという共通的認識のもとで，モデル（models）概念及びモデル構築プロセスに係わる理解の重要性は高まってきている．Powell and Baker (2004)によると，"モデルとは現実の問題を抽象化あるいは簡略化して表現したもの"ときわめて簡潔に定義されているが，本書で主として扱うモデルの分類とその定義等の詳細について以下に述べることにする．

　一般的に，モデル構築の初期段階において，モデルの多くは実物に

似せて作った有形モデル（physical models）と呼ばれ，最適化モデル（optimization models）あるいはコンピュータなどの利用を前提とした抽象的な数学的モデル（mathematical models）とは異なるものである．有用な意思決定モデルが構築されることの重要性が意思決定者に認識され，構築モデルが実際に利用されるためには，対象となっているシステムを一番よく理解している意思決定者が，モデル構築のプロセスに適切に関与していくことの重要性が指摘されている．また，このモデル構築のプロセスが円滑に進められるためには，モデル構築プロセスにおける感性の発露としての芸術性（art）とモデルの解を探索する技法的な側面を表す科学性（science）の双方の素養がモデル構築に係わるアナリストに要求されることになるとされている（Shapiro(1984)を参照のこと）．

一般的に，モデルは以下のように3つの類別がされるので，それぞれのモデルの一般的特徴とそのアプローチを比較対照しながら述べることにする[1]．

① **実物モデル**（direct experimentation approach）：

何通りかの候補代替案に対する実物を試験的に構築し，実際に想定される使用環境の下で機能テストを行い，各代替案のパフォーマンス特性の比較検討を行なう．このアプローチは実物による実験であるので，実験結果の精度は一番高いとみなせるが，時間的，費用的側面から，比較対象となる代替案数は著しく制限されることになる．したがって，通常このタイプの実物モデルによる比較実験は，候補対象数がごく少数に絞り込まれた最終的段階まで持ち越されることが多い．

② **有形モデル**（physical models）：

実物のスケール・モデル（実物の縮小／拡大モデル）を作成し，擬似的な実験環境での各代替案のパフォーマンス特性のテストを行い，その比較検討を行なう．このモデル化では，実物モデルに比較すれば表現上の正確度は損なわれる．他方で，時間的・費用的な側面からは，実物モデルよりは少なくて済むことから，実物モデルに比較すれば，検討対象と

---

[1] 以下においては，Shapiro(1984)，H.M ワグナー（森村他監訳）(1984)等を参照した．

なる代替案の数は増えることになる．

③ **数学的モデル**(mathematical models)：

有形モデルから推測される実物モデルに内在すると考えられる基本的関係を，抽象的な数学的関係で表現することによりモデルを構築する．具体的には，対象としているシステムを記述できる変数（variables）により，内在する関係を表現して数学的モデルが作成される．このモデル化では，上述の2つのモデル化アプローチと比較して，時間的・費用的には，一般的に負担が大きく軽減されることになる．また，後述のようにコンピュータの利用により，このモデル化アプローチの長所が強調される．他方で，モデルの構造は簡素化されて抽象度が高いことから，一般的には，上述の2つのモデルに比べモデルの表す正確さは及ばないとみなせる．

数学的モデルの大きな長所としては，多数の代替案の評価を容易に実施できることが挙げられる．さらに重要な点は，数学的モデルは，社会科学領域の問題のモデル化手法として唯一の方法である場合も考えられる．例として工場立地問題（一般的には施設配置問題（facility location problem））が Shapiro (1984) にとりあげられており，上記の3つのタイプについて比較対照がなされていることから，以下にその要約を紹介する：

　　工場立地問題においては，実際に工場を建設してその効果をみる実物モデル・アプローチが意味の無いことは明らかであろう．また，工場のスケール・モデルを構築して影響をみる有形モデル・アプローチも，代替案の評価の基準が（実験的アプローチに適している）物理的な法則に拠る尺度ではなく，経済的効果を表す尺度であることから，それ程有用であるとはいえない．工場立地候補地点への原材料輸送計画，生産プロセス，倉庫への完成品の配送などに関連する企業活動についての種々の制約条件をシステム変数により表現し，さらに企業の置かれている市場環境，企業間競争力などの外的要因も組み入れた数学的モデルの構築により，所与の経済的尺度に基づいて各候補地点の比較と最適な立地選定が可能となる．

また，言うまでもなく，実際の意思決定問題は数学的モデルが表しているものよりもはるかに複雑であることから，実際の意思決定に対して有用な洞察を得るためには，得られたモデルの解を実情に即して適切に解釈できることは重要であり，結果として，提案されたモデルが有用な意思決定支援ツールとして意思決定者に認識されることにつながり得る．しかし，後述するように，このモデル構築プロセスにおいては難しい側面もあることから，数学的モデル構築プロセスの概要をつぎにながめていくことにする．

1.2　数学的モデル構築プロセスの概要
　　　── 問題分析の基本的枠組み

　本書において扱う数理計画モデルは基本的な数学的モデルが中心となるので，ここでは，数学的モデル構築プロセスを段階的に概観しながら，そのモデル化プロセスの要点と問題点を検討していくことにする．数学的モデル構築プロセスについては，オペレーションズ・リサーチ（Operations Research: OR）／経営科学（Management Science: MS）（OR/MS と略記される）の標準的な教科書（例えば，Wagner, H.M.（1975），Wagner, H.M.（1970），Anderson, D.R. *et al.*（2000）など）に紹介されている．モデル・ベース（即ち，数学的モデルに重点をおいた）のマネジメントでは，Simon[2] による意思決定における科学的アプローチが OR/MS 問題解決アプローチに適用されている．すなわち，

(1) 対象となっている意思決定問題の重要な要素間の関係を反映している数学的モデルを構築する．ただし，モデル分析から有用な結果を得るためには，対象としているシステムの基本的な構造が，構築されたモデルに適正に反映されていることが必要である．

---

[2] Simon, H. A., *The New Science of Management Decision*, Prentice-Hall, 1977.（邦訳：稲葉元吉，倉井武夫共訳『意思決定の科学』　産業能率大学出版部，1979）．ここでは，訳書の pp.77-78 を参照した．

(2) 各代替案の比較評価に必要な尺度値を与える（評価）基準関数（criterion function）を定義する．
(3) モデルの具体的状況を表すパラメーターの推定値をデータから求める．
(4) 推定されたパラメーター値により定義された数値表現モデルに対して，コンピュータにより（評価）基準関数の最適な（最大あるいは最小の）値を探索し，その値を与える解は求める最適な代替案となる．

数学的モデル構築プロセスの全体の流れは（図1.1）のように示される．数学的モデル構築プロセス[3]の第1段階は，分析対象としている現実のシステム（意思決定問題）を理解することにある．具体的には，システムは何によりその特徴が表現され得るのか，システムの動的特性を表す重要な要素（変数）は何か，この問題に内在する基本的構造は何か，システムのパフォーマンス尺度は何か等の諸点について考慮する必要がある．

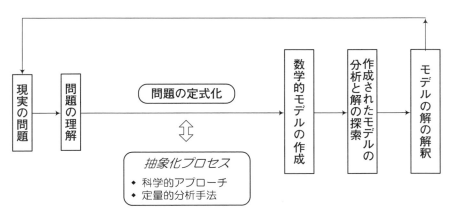

図1.1：数学的モデルにおける抽象化プロセスの難しさ

第2段階は，問題の定式化（formulation）とよばれ，この段階は数学的モデルとして意思決定問題を表現するプロセスである．意味のある定式化を実施する上では以下の2点に注意する必要がある：第1に，複雑な現実の状況から，対象システムの構造を記述する上で重要なシステ

---
[3] 数学的モデル構築プロセスについては，Shapiro(1984)を主に参照した．

ム変数とその関係を抽出すること，第2に，問題をモデル表現する上では，必要不可欠とみなされる限度までシステム変数の総数を絞り込む（モデルの規模を限定していく）こと．つまり，適切なレベルでの単純化（simplification）を現実の問題に対して実施できることが，良いモデル構築の要点とみなせる．適切なレベルでの単純化（あるいは抽象化：abstraction）が行なわれなければ，構築モデルの解の探索に問題が生じ得るばかりではなく，必要以上のモデル規模とその複雑性により，モデルの解を探索する手法が事実上適用できなくなる状況に陥ることもあり得る．他方で，モデル構築において過度の単純化がされてしまうと，問題の現実性からの乖離によるモデル表現の正確さが欠如することになり，探索された解を現実に即して解釈するとき，意思決定者にとって有用な意思決定支援情報が得られない状況に陥りかねない恐れもある．

　第3段階は，構築されたモデルの分析と解探索（solution）プロセスである．構築された数学的モデルのロジックを検証するために，モデルのパラメーター値を推定するときに必要となるモデル・データを収集することになる．定式化されたモデルのチェックが終われば，モデルの解を探索することになる．そのためには，構築された数学的モデルの構造的な特徴を考慮した上で，モデルの解を探索し得る適当な方法を選択する．数値データで表現されたモデル（数値モデル）に対して，その最適解探索方法を定義する適切なアルゴリズム（algorithm）を適用して最適解を求める．

　第4段階は，探索された最適解を現実の問題に即して解釈するプロセスである．（図1.1）が示しているように，数学的モデルの解を得たことは実際の問題への答えを得たこととは異なる．つまり，現実の問題を踏まえて，モデルの最適解はどのように解釈されるべきかが重要なのである．この段階では，モデル構築プロセスにおける抽象化についての確認，このプロセスの前提条件とモデル最適解の整合性チェックの実施，さらには，現実問題の要件がモデル構築プロセスにおいて適切に反映されていることを検証することなどの検討・確認作業も含まれる．この段階で，

探索された最適解が適切な意思決定情報を意思決定者に与えているのであれば，この一連のプロセスは終了する．しかし，意思決定者にとって満足のいく結果が得られていない場合は，モデルの再検討を実施すべく，このモデル構築プロセスを初めから見直すことが必要となると考えられる（この状況が，（図 1.1）におけるフィードバック・ループで示されている）．

実際の問題に対する数学的モデル構築プロセスは，以上のように述べられることになろうが，第 1 段階，第 2 段階，第 4 段階は扱う問題に固有の (problem-specific) プロセスであり，前述した "art" の側面が要求される部分であるとみなされる．結果として，上述の第 3 段階 "構築モデル分析と解の探索" が本書との係わりがあるということになる．

OR/MS の領域は学際的・問題中心アプローチにより特徴付けられることから，経営領域を中心とする種々の関連領域の意思決定問題に対する取り組みがなされてきている．その成果として数多の数学的モデル（数理計画モデル）が展開されてきている．本書では，それらの数理計画モデルのうちで，数学的取扱いが比較的容易であり，明快な構造をもつ基本的な一般的モデル（線形計画モデルと 2 次計画モデル，分数計画モデル等の非線形計画モデル）の紹介を主な目的としており，その応用例としてポートフォリオ選択（Portfolio Selection）モデルの分析と解の探索アプローチをとりあげている．したがって，これ以降においては，具体的な数学的モデル構築プロセスを事例的に取り扱う試みは行なわないことにする．

1.3　数理計画モデルとは

本書で取り上げるものは基本的な数学的モデルであり，ここで言うモデルとは，現実の意思決定問題の分析から得られた抽象的な問題構造表現としての'ひながた'であるとも言える．マネジメント領域での意思決定問題の多くは，所与の限られた経営資源の有効活用，経営組織，外部環境などに係わる種々の制約条件（constraints）の下で最適な意思決定を

行なうことである．ここで，候補となる解が最適であるか否かを判断するためには，その解の最適性（optimality）を判定する評価基準（criterion）が明確にされる必要がある．制約条件の全てを満たす任意の解に対して，その評価基準値が計算できる方法が定義されているならば，その値に基づきその解の最適性の判定を行なえることになる．さらに，ある解が最適でないと判定されたならば，最適解（optimal solution）の候補となり得るより良い解が逐次生成されながら，最終的には最適解に到達する探索プロセスが定義される必要がある．

　数学的モデルの最適解を探索するプロセスは最適化（optimization）と呼ばれる．最適化モデルを記述する上で導入されるモデル変数は決定変数（decision variables）と呼ばれる．最適化においては，制約条件（全て）を満たす解のうちから，最適な意思決定を表す変数の値を決めるという意味合いでこの用語が導入されたと考えられる．決定変数により表現された数式関係（等式あるいは不等式）表現により制約条件式群は定義される必要がある．また，制約条件式を満たす解の最適性を判定する評価基準も，決定変数の数式（関数）表現により同様に定義され，これは目的関数（objective function）あるいは単に目的（objective）と呼ばれる．本書においては，数理計画（mathematical programming）モデルとは，制約条件を満たす解のうちから，最適解及び最適解における目的関数値（これを最適値とよぶ）を決定する最適化モデルであるとする．つぎに，簡略化されたいくつかの数理計画モデル数値例をながめることにする．

1.4　簡単な投資決定モデルの紹介

【投資決定モデル例＃1(推定利回り最大化の株式投資問題)】
　ABC社は株式投資による資金運用を主たる業務としている投資顧問会社であるとし，ある新規顧客から2,400万円の範囲内での資金運用を委託されたとしよう．運用開始に当たり，顧客は以下の2銘柄(銘柄A，B)への投資に限定したいとの意向があるものとする．そこで，この2銘柄

の過去データに基づき，ABC 社が推定した 1 株当たりの年間利回り額は，銘柄 A は 108 円，銘柄 B は 96 円であったとする．また，運用方針として，A, B いずれかの銘柄への偏った投資を回避するために，各銘柄への投資金額上限を設定するとし，銘柄 A の上限は 1,800 万円，銘柄 B の上限は 1,200 万円であったとしよう（表 1.1 参照のこと）．

表 1.1：2 銘柄への投資問題データ

株式銘柄	株価	年間利回り推定額	投資上限額
A	1,500 円	108 円	1,800 万円
B	1,200 円	96 円	1,200 万円

ここで，年間利回り推定額とは，過去の配当金支払状況，株価変動状況データの分析等により推定された 1 年当たりの利回り額であるとする．この数値例では，1 株当たり，銘柄 A（銘柄 B）への投資により 1 年間で 108 円（96 円）の利回り額が見込まれると推定されているので，年率利回り（annual rate of return）は，銘柄 A は 7.2%（= 108/1500），銘柄 B は 8%（= 96/1200）と推定されていることになる．このような状況設定においては，新規顧客から運用委託を受けた資金の投資利回り推定値の総額が最大になるような銘柄 A, B への（最適）投資株数を決定することが，同社に求められる意思決定となる．

この簡略化された投資意思決定問題を数学的モデルで表現するために，2 つの決定変数 x_1，x_2 を以下のように定義する：

$x_1 =$ 銘柄 A への投資株数，
$x_2 =$ 銘柄 B への投資株数

ここで，銘柄 A, B の 1 株当たりの株価が分かっているので，銘柄 A を x_1 株，銘柄 B を x_2 株購入するときに必要となる資金額は

$$1500x_1 + 1200x_2$$

と表され，その金額は運用預託額の 2,400 万円を超えることはできないことから，以下のような制約条件が得られる．

$$1,500x_1 + 1,200x_2 \leq 24,000,000$$

つまり，

$$5x_1 + 4x_2 \leq 80,000 \quad \cdots\cdots\cdots\cdots (1)$$

同様に，各銘柄 A, B については，許容される投資上限金額が設定されていることから，銘柄 A に対しては

$$1,500x_1 \leq 18,000,000$$

つまり，

$$x_1 \leq 12,000 \quad \cdots\cdots\cdots\cdots (2)$$

銘柄 B に対しては

$$1,200x_2 \leq 12,000,000$$

つまり，

$$x_2 \leq 10,000 \quad \cdots\cdots\cdots\cdots (3)$$

といった制約条件が得られることになる．

さらに，投資株数は負値を取り得ない（例えば，－100 株の株式を買うということはできない）ので[4]，決定変数の値は非負条件（non-negativity constraints）を満たす必要がある．すなわち，

$$x_1, x_2 \geq 0 \quad \cdots\cdots\cdots\cdots (4)$$

である．

次に，資金運用の目的は，前述のように，年間利回り推定値の総額が最大になるような 2 銘柄への投資株数（あるいは投資金額）を決めることである．銘柄 A, B の 1 株当たりの年間利回り推定額が分かっているので，銘柄 A を x_1 株，銘柄 B を x_2 株購入するとき，年間利回り推定値の総額，Z は

$$Z = 108x_1 + 96x_2$$

と表されることから，この問題の目的関数値，Z は最大化されることになる．

---

[4] 空売り（short selling）が許されない場合に相当する．

このように定式化された数理計画モデル［LPS1］は，以下のような（4つの制約条件式群からなる）形式に整理されて表現されることが多い：

［LPS1］

最大化　　$Z = 108x_1 + 96x_2$

制約条件：

$$5x_1 + 4x_2 \leq 80000 \quad \cdots\cdots\cdots\cdots (1)$$
$$x_1 \leq 12000 \quad \cdots\cdots\cdots\cdots (2)$$
$$x_2 \leq 10000 \quad \cdots\cdots\cdots\cdots (3)$$
$$x_1,\ x_2 \geq 0 \quad \cdots\cdots\cdots\cdots (4)$$

この定式化例［LPS1］では意思決定変数を投資株数としたが，株式への投資金額は株価と株数の積で求められるので，最適な投資株数を決めることは，その投資金額を決めることと同値である．そこで，以下のような2つの決定変数 y_1, y_2 による別の定式化を検討してみる．

$y_1 =$ 銘柄 A への投資金額，
$y_2 =$ 銘柄 B への投資金額

このとき，［LPS1］での意思決定変数 x_1, x_2 とは，$y_1 = 1500x_1$, $y_2 = 1200x_2$ という関係があることに注目すると，(1) の制約条件は

$$y_1 + y_2 \leq 24{,}000{,}000 \quad \cdots\cdots\cdots\cdots (1')$$

と表され，同様に (2) 及び (3) の制約条件も

$$y_1 \leq 18{,}000{,}000 \quad \cdots\cdots\cdots\cdots (2')$$
$$y_2 \leq 12{,}000{,}000 \quad \cdots\cdots\cdots\cdots (3')$$

となる．また，目的関数は

$$Z = 108x_1 + 96x_2 = \frac{108}{1500}y_1 + \frac{96}{1200}y_2 = 0.072y_1 + 0.08y_2$$

となり，［LPS1］と等価な［LPS2］（金額表示：百万円単位）が得られる：

[LPS2]
最大化　　$Z = 0.072y_1 + 0.08y_2$
制約条件：
$$y_1 + y_2 \leq 24 \quad \cdots\cdots\cdots\cdots (1')$$
$$y_1 \leq 18 \quad \cdots\cdots\cdots\cdots (2')$$
$$y_2 \leq 12 \quad \cdots\cdots\cdots\cdots (3')$$
$$y_1, y_2 \geq 0 \quad \cdots\cdots\cdots\cdots (4')$$

この [LPS2]（[LPS1] も同様ではあるが）において，顧客からの預託された運用資金総額，各銘柄の投資可能資金上限枠等の数値は顧客ごとに異なる．同様に，マーケット動向等の影響を受け，投資株式の株価も時間とともに変動する．このような個別の状況変化により影響を受けるモデル・データを下記のパラメーター（parameter）により表わした一般的なモデル表現を考える：

M：投資可能資金総額
R_1：銘柄 A の年率利回り推定値，R_2：銘柄 B の年率利回り推定値
U_1：銘柄 A への投資額上限値，U_2：銘柄 B への投資額上限値

このとき，[LPS2] のより一般的なモデル表現は以下のように表される．

最大化　　$Z = R_1 y_1 + R_2 y_2$
制約条件：
$$y_1 + y_2 \leq M \quad \cdots\cdots\cdots\cdots (1')$$
$$y_1 \leq U_1 \quad \cdots\cdots\cdots\cdots (2')$$
$$y_2 \leq U_2 \quad \cdots\cdots\cdots\cdots (3')$$
$$y_1, y_2 \geq 0 \quad \cdots\cdots\cdots\cdots (4')$$

なお，本章末[補足 1.1]において，上記 [LPS2] の Excel モデルを紹介する．
【投資決定モデル例 # 1】では，推定利回りの最大化が目的となっていたが，実際の投資決定においては，市場の動き，各銘柄の株価変動などの不確実性に伴う投資リスクを考慮する必要がある．この点を考慮した一般的な投資決定モデルはポートフォリオ選択モデルとして後述するが，限定された形で投資リスクの側面を考慮した債券投資決定モデルを次に紹介することから，以下において債券投資に関連する基礎的用語を紹介する．

＜債券投資に関連する基礎用語の紹介＞[5]

債券（bond）とは，国や企業が資金調達の目的で発行する借用証書（有価証券）の一つで，公共債と民間債に大別される．公共債は国が発行する債券である国債（government bond），都道府県や市町村などの地方公共団体が発行する債券である地方債（municipal bond），公団・公庫・営団などの政府関係機関が発行する政府保証債（government guaranteed bond）などに分類される．同様に，民間債は一般の株式会社が発行する社債，特定の銀行・公庫等の金融機関が発行する金融債などに分類される．

債券には，定期的（通常1年，半年単位）に利率に応じた利子（クーポン支払額）を受け取ることができる利付債があり（ただし，利払いの無い債券もある），償還期日（満期日，償還日とも呼ばれる）を迎えると，額面金額である償還金を受け取ることができる．

額面金額とは，債券の券面上に記載されている金額のことをいい，券面上に記載されている，5万円，10万円，100万円といった金額のことをいう．額面金額は「額面×申込単位」で算出された金額であり，発行・売買・償還する際の取引単位となる．

償還日とは，債券が償還される期日（元本が戻ってくる期日）のことをいう（定期預金などの満期とほぼ同義）．また，債券の発行日から償還日までの期間（年数）は「償還年限」と呼ばれ，一般に債券投資において，償還日が来ると額面金額で償還される．また，債券を購入した日から償還期限（満期日）までの期間を残存期間と呼ぶ．

表面利率とは，「クーポンレート」とも呼ばれ，債券の額面に対して毎年受け取れる利息（利子）の割合のことをいい，一定の利子が支払われる固定利付債の場合，額面金額に対する1年分の利息がパーセント表示で示される．

債券投資の利回りの一つである，最終利回り（Yield to Maturity）とは，投資者が債券を購入し，償還期日まで保有した場合の利回りであり，償還時に発生する額面金額（または償還価格）と買付（購入）価格との差に利息収入を加え，1

---

[5] この用語紹介においては，「金融情報サイト－iFinance」(http://www.ifinance.ne.jp/)，ホーマー，リーボヴィッツ(1976)を主に参照した．

年当たりで投資金額に対してどれだけの割合になるかを表す指標値である[6].
利付債の単利式の最終利回りは

$$\text{最終利回り} = \{\text{年利息} + (\text{償還価格} - \text{購入価格}) \div \text{残存期間}\} \div \text{購入価格}$$

で与えられる．また，利付債購入時から償還期日までの期間，一定の利回りで再投資が可能であるとしたとき，債券キャッシュフローの現在価値と購入時の債券価格が等しくなるような利回り（内部収益率）が定義され，この利回りは複利式の最終利回りと呼ばれる．ここで，P を債券購入価格，C を利子額（クーポン支払額），L を残存期間（年），F を額面金額（償還価格），r を複利式最終利回り（年率）とすると，

$$P = \frac{C}{1+r} + \frac{C}{(1+r)^2} + \cdots + \frac{C}{(1+r)^{L-1}} + \frac{C}{(1+r)^L} + \frac{F}{(1+r)^L} = \sum_{j=1}^{L} \frac{C}{(1+r)^j} + \frac{F}{(1+r)^L}$$

という関係で与えられることが知られている[7]．

債券投資において債券発行体の信用力を示す指標が必要となり，第三者の評価機関が債券の元本と利息が支払われる確実性の度合いを一定の符号で表示した指標は格付けと呼ばれている．格付け機関には，Moody's, Standard & Poor's（S&P），格付投資情報センター等がある．以下の例では，Moody's の格付けを取り上げることにする．ムーディーズ・ジャパン株式会社によると，ムーディーズの長期債務格付は Aaa, Aa, A, Baa, Ba, B, Caa, Ca, C からなる 9 段階評価を行ない，第 2 順位格付 Aa から第 7 順位格付 Caa の各々については，更に 3 段階（1 ～ 3 の付加記号を添える）の格付を実施している[8].

【投資決定モデル例 # 2（最終利回り最大化の債券投資問題）】[9]

HMS 投資顧問会社は，顧客から総額 50 百万円の資金運用を受託したとする．顧客の意向として，投資対象は利付債とし，償還期日まで各債券を保持するこ

[6) 「東証用語集」（http://www.tse.or.jp/glossary/index.html）を参照した．
[7) 仁科，倉澤（2009）等を参照のこと．
[8) 「ムーディーズ・ジャパン株式会社 格付記号と定義：2011 年 1 月」（http://www.moodys.co.jp/PDF/ratingsdefinitions_mjkk.pdf）を参照した．
[9) この数値例は Shapiro（1984）の数値例を参照した．

とがあるとしよう．HMS社は（表1.2）に示されているような4種類の利付債を投資対象として選択したとする：

表1.2：投資対象4銘柄のデータ

銘柄	種類	信用力指標		残存期間	最終利回り
		ムーディーズ格付	HMS社の指標値	（年）	（%値）
1	国債	Aaa	1	5	1.25
2	国債	Aaa	1	8	1.45
3	政府保証債	Aa	2	11	1.95
4	地方債	Baa	4	2	1.35

（表1.2）において，各債権の信用力を数値化するために，HMS社はムーディーズ格付各9段階（Aaa～C）に対して，HMS社の指標値として1～9の数値を対応付けたとする（つまり，この数値が少ないほど信用力は高いとみなしているわけである）．

投資決定に係わる制約条件は以下の通りであるとする：

(1) 投資総額は運用委託金の総額50百万円(5千万円)を超えない．
(2) 国債以外の投資総額は20百万円を超えない．
(3) HMS社の指標値による信用力の平均値は1.5を超えない．
(4) 残存期間の平均値は6年を超えない．

ここで，以下のような決定変数を導入する(単位は百万円)：

x_1 = 債券銘柄1への投資金額
x_2 = 債券銘柄2への投資金額
x_3 = 債券銘柄3への投資金額
x_4 = 債券銘柄4への投資金額

このとき，制約条件(1)は

$$x_1 + x_2 + x_3 + x_4 \leq 50 \quad \cdots\cdots \quad (1)$$

と表される．制約条件(2)は

$$x_3 + x_4 \leq 20 \quad \cdots\cdots \quad (2)$$

となる．ここで，投資対象全体としての信用力の平均値とは，各投資対象自体の信用力指標値（HMS社による数値化によるもの）に対する投資比率（投資金額の全体に占める割合（ウェイト））を掛け合わせた結果の総和として計算するものとしよう．すなわち，債券銘柄1の金額ベースでの投資比率は

$$\frac{x_1}{x_1 + x_2 + x_3 + x_4}$$

であるので，債券銘柄1の信用力指標値1を掛け合わせた

$$\frac{1 \, x_1}{x_1 + x_2 + x_3 + x_4}$$

が債券銘柄1の全体に対する（相対的な）信用力とみなせる．同様にして，その他の債券銘柄2～4の相対的な信用力は求められるので，全体としての信用力の平均値は

$$\frac{1 \, x_1}{x_1 + x_2 + x_3 + x_4} + \frac{1 \, x_2}{x_1 + x_2 + x_3 + x_4} + \frac{2 \, x_3}{x_1 + x_2 + x_3 + x_4} + \frac{4 x_4}{x_1 + x_2 + x_3 + x_4}$$

となるので，制約条件(3)は

$$\frac{x_1 + x_2 + 2x_3 + 4x_4}{x_1 + x_2 + x_3 + x_4} \leq 1.5$$

と表される．この式は見掛け上分数関数ではあるが，分母式を両辺に乗じて結果を整理すると，制約条件(3)は以下のような1次式で表される：

$$-x_1 - x_2 + x_3 + 5x_4 \leq 0 \quad \cdots\cdots \quad (3)$$

同様に残存期間の平均値も計算できる．すなわち，債券銘柄1の投資比率は

$$\frac{x_1}{x_1 + x_2 + x_3 + x_4}$$

であるので，債券1の残存期間5(年)を掛け合わせた

$$\frac{5 x_1}{x_1 + x_2 + x_3 + x_4}$$

が債券銘柄1の全体に対する（相対的な）残存期間とみなせる．その他の債券

銘柄 2～4 についても相対的な残存期間を求められるので，全体としての残存期間の平均値は

$$\frac{5x_1 + 8x_2 + 11x_3 + 2x_4}{x_1 + x_2 + x_3 + x_4} \leq 6$$

と表され，制約条件(4)も以下のような 1 次式の制約条件として表される：

$$-x_1 + 2x_2 + 5x_3 - 4x_4 \leq 0 \quad \cdots\cdots \quad (4)$$

顧客の意向により，購入した債券は償還期日まで保有することを前提とするので，各債券の最終利回りをもとに計算される利回り額の総和を最大にすることが目的であるなら，目的関数は

$$Z = 0.0125x_1 + 0.0145x_2 + 0.0195x_3 + 0.0135x_4$$

と表される．以上から，この投資決定問題は下記の数理計画モデル [LPS3] として与えられることになる：

[LPS3]

最大化 $\qquad Z = 0.0125x_1 + 0.0145x_2 + 0.0195x_3 + 0.0135x_4$

制約条件：

(運用資金枠)	$x_1 +$	$x_2 +$	$x_3 +$	x_4	$\leq$	50	$\cdots\cdots$ (1)
(国債以外の運用枠)			$x_3 +$	x_4	$\leq$	20	$\cdots\cdots$ (2)
(信用力指標の平均)	$-x_1 -$	$x_2 +$	$x_3 +$	$5x_4$	$\leq$	0	$\cdots\cdots$ (3)
(残存期間の平均)	$-x_1 +$	$2x_2 +$	$5x_3 -$	$4x_4$	$\leq$	0	$\cdots\cdots$ (4)
(非負条件)			x_1, x_2, x_3, x_4		$\geq$	0	$\cdots\cdots$ (5)

簡略化された数理計画モデルを数例ながめたが，最大化の数理計画モデルは以下のように一般的に表されることになる：

最大化　　*目的関数*

　　制約条件：

満たされるべき m 個の制約条件式全てを列挙する

この形式による数理計画モデルの表現では，目的関数の最適化の方向は'最大化'（あるいは最小化）であることを表し，最適化において満たされなければならない全ての制約条件を'制約条件'という見出しの下に列挙する[10]．

本章で紹介した数理計画モデルは制約条件式及び目的関数が決定変数の1次式（線形）関係で構成されていることから，線形計画(Linear Programming: LP)モデルと呼ばれる．線形計画モデルは数理計画モデルの基本であると同時に，多数の応用例が知られていることから，次章以降においては，線形計画モデルとその解法についてみていくことにする．

[補足 1.1] [LPS2] のスプレッドシート・モデル例

定式化モデル [LPS2] は（図1.2）のような Excel ワークシートにより与えられよう：

	A	B	C	D	E	F
1	簡単な投資モデル例：	(LPS2)		24		
2				(左辺)		(右辺)
3	制約条件：	銘柄A	銘柄B	運用状況		利用可能上限
4	運用金額制約(1)	1	1	24	≦	24
5	銘柄A投資制約(2)	1	0	14	≦	18
6	銘柄B投資制約(3)	0	1	10	≦	12
7						
8	目的関数：	銘柄A	銘柄B	利回り総計		
9	利回り	7.2%	8.0%	1.808	(百万円)	
10						
11		y_1	y_2			
12	決定変数：	銘柄A	銘柄B			
13	投資金額（単位：百万円)	14	10			
14						

図1.2：定式化モデル [LPS2] のサンプル・ワークシート図

定式化モデルのデータ領域をワークシート上に作成する方法は自由度が高いが，上図ではセル範囲 B4:C6 及び F4:F6 に制約条件関連データをまとめている．目的関数データは B9:C9 のセル範囲に与えられ，決定変数の値が表示されるセル範囲を B13:C13 に設定している．また，目的関数データはセル範囲 B9:C9 に設定されている．

ワークシート上には，決定変数の値がセル範囲 B13:C13 に与えられれば，それらの値による投資代替案の制約条件のチェック（このモデルでは'左辺値≦

---

[10] 後述するように，関数値 f を最大化する解は，関数値 $-f$ を最小化することにより得られる解と同じであるので，解を探索する最適化の方向は何れか一方に統一して取り扱える．また，最適化モデルにおける英文表記については，"最大化"は"*Maximize*"，最小化は"*Minimize*"，"制約条件"は"*s.t.*"(*subject to*)などが標準的なものである．

右辺値'で与えられている制約条件 (1) 〜 (3) の関係が満たされているか否かのチェック) 及び代替案評価値 (目的関数値) を計算する"評価モデル"を構成する必要がある．制約条件 (1) 〜 (3) のチェックは，上述のとおり，左辺値を計算する必要があることから，そのためのセル範囲 D4:D6 を用いる．上図において運用状況と見出しを付けているように，この代替案 (銘柄 A に 14 百万円，銘柄 B に 10 百万円投資) では，例えば制約条件 (1) については，1×14 + 1×10 = 24 (百万円) の運用資金が必要であることが分かる．セル関係式では，セル D4 には，=B4*$B$13+C4*$C$13 とすればよいが，任意のセル範囲 (ただし，行範囲同士あるいは列範囲同士の制約がある) の積和を求める関数 =SUMPRODUCT (セル範囲, セル範囲) を用いる．この場合は，

　　　　=SUMPRODUCT(B4:C4,$B$13:$C$13)

となる．このように関数のセル範囲設定をしておけば，(2)，(3) の制約条件の運用状況の評価も上記の Excel 関数式をコピー・貼り付けをすれば一括して済ませられる．つぎに，代替案評価値も上式をコピーしてセル D9 (目的関数値セル) に貼り付ければよい．このように，ワークシート作成時には，線形モデルの場合，SUMPRODUCT 関数を上手にコピー＆ペーストできることに留意すべきである．この代替案の場合 (図 1.2 参照)，制約条件式 (1) 〜 (3) は満たされており (つまり，左辺値≦右辺値の関係が成立)，目的関数値は約 180 万円である．

　このように，代替案の評価モデルが作成されれば，最適化段階に入れることになるので，ソルバーを起動する．ソルバーのパラメーター設定完了画面図は (図 1.3) となる：

　このパラメーター設定において，「目的セルの設定」は目的関数値を計算するセル D9 とする (設定ボックスをクリックしてからセル D9 をクリックすると，自動的にこの設定ボックスに $D$9 と表示される)．また，「目標値」のラジオボタンの選択を行なう必要があるが，このモデルは最大化であるから，デフォルトとして「最大値」が選ばれているので，特に変更する必要はない．

　同様に，決定変数値が表示されるセル範囲を「変数セルの変更」ボックスに表示させる．制約条件式は，「制約条件の対象」ボックス内に'左辺値≦右辺値'を意味するセル関係式を表示させる，このモデルの場合 3 つの制約条件があり，いずれの制約条件式も不等号の向きは同一の'≦'であるので，ベクトル表記同様に 1 つのセル関係式で表現される．制約条件を定義するには，先ず，追加ボタンを押すと (図 1.4) のボックスが表示される．

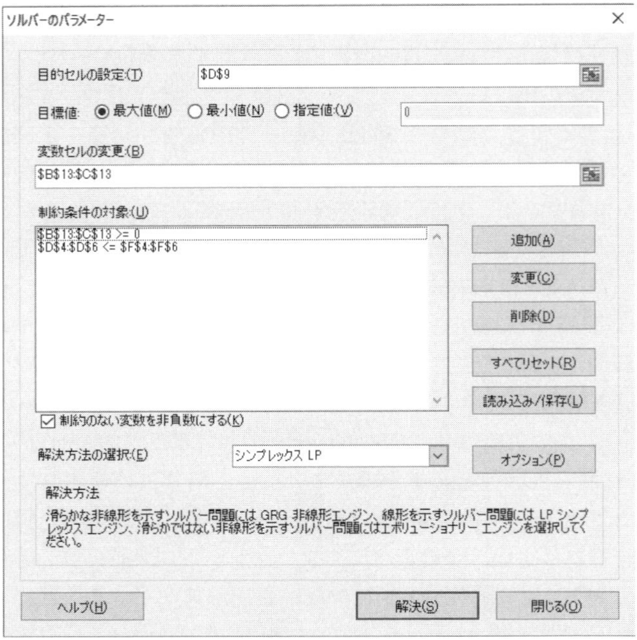

図1.3：ソルバー・パラメーターの設定ボックス図

図1.4：制約条件の設定

　上図で「セル参照」ボックスをクリックし，左辺の値を示すセル範囲 D4:D6 をドラッグするとボックス内に $D$4:$D$6 と自動的に表示される．つぎに不等号の向きはデフォルトの"<="のままでよい（変更する必要がある場合はドロップダウンリストから適宜選択する）．つぎに，同様にして「制約条件」ボックスにセル範囲 $F$4:$F$6 を表示させる．

第1章　モデル構築プロセスと数理計画モデルとは　21

　この他に制約条件の追加がなければ OK ボタンを押して制約条件の設定を終える．このモデルには"非負条件"が要求されるので，追加 ボタンを押し「セル参照」の指定(セル範囲 B13:C13)が済んだならば，ドロップダウンリストから">="を選択し，「制約条件」ボックスに半角サイズで"0"を入力する．

　最後に，「解決方法」ボックスのドロップダウンリストから「シンプレックスLP」を選択すると，(図1.3)全体のパラメーター設定が終了していることを確認し，解決 ボタンを押すと最適解が(図1.5)のように示される：

　(図1.6)のように，「ソルバーの結果」ボックスの"レポート"の'解答', '感度'

図1.5：最適解を与えるワークシート図と「ソルバーの結果」ボックス

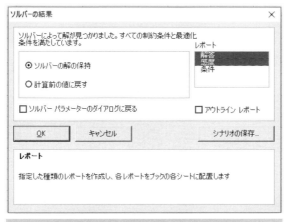

図1.6：レポート生成オプションを選択する

をクリックして選択し OK ボタンを押すと，（図 1.7）のような'解答レポート'，'感度レポート'が別途新しいワークシートとして自動生成される：

なお，'感度レポート'の利用の仕方（すなわち，感度分析の内容）を本書では扱っていないが，感度分析（または限界分析）を実施するうえで役立つ情報が'感度レポート'に集約されている．

```
Microsoft Excel 14.0 解答レポート
ワークシート名: [第1章LPS2モデル.xlsx]Sheet1
ソルバー エンジン
   エンジン: シンプレックス LP
   解決にかかる時間: 13.578 秒間
   反復回数: 2 子問題: 0
ソルバー オプション
   最大時間 無制限, 反復回数 無制限, Precision 0.000001, 自動サイズ調整を使用する, 反復計算の結果を表示する
   子問題の最大数 無制限, 最大整数解数 無制限, 整数の公差 1%, 非負数を仮定する
```

目的セル（最大値）

セル	名前	計算前の値	最終値
$D$9	利回り 利回り総計	1.808	1.824

変数セル

セル	名前	計算前の値	最終値	整数
$B$13	投資金額(単位：百万円) 銘柄A	14	12	連続
$C$13	投資金額(単位：百万円) 銘柄B	10	12	連続

制約条件

セル	名前	セルの値	数式	ステータス	条件との差
$D$4	運用金額制約(1) 運用状況	24	$D$4<=$F$4	満たす	0
$D$5	銘柄A投資制約(2) 運用状況	12	$D$5<=$F$5	部分的に満たす	6
$D$6	銘柄B投資制約(3) 運用状況	12	$D$6<=$F$6	満たす	0
$B$13	投資金額(単位：百万円) 銘柄A	12	$B$13>=0	部分的に満たす	12
$C$13	投資金額(単位：百万円) 銘柄B	12	$C$13>=0	部分的に満たす	12

```
Microsoft Excel 14.0 感度レポート
ワークシート名: [第1章LPS2モデル.xlsx]Sheet1
```

変数セル

セル	名前	最終値	限界コスト	目的セル係数	許容範囲内増加	許容範囲内減少
$B$13	投資金額(単位：百万円) 銘柄A	12	0	0.072	0.008	0.072
$C$13	投資金額(単位：百万円) 銘柄B	12	0	0.08	1E+30	0.008

制約条件

セル	名前	最終値	潜在価格	制約条件右辺	許容範囲内増加	許容範囲内減少
$D$4	運用金額制約(1) 運用状況	24	0.072	24	6	12
$D$5	銘柄A投資制約(2) 運用状況	12	0	18	1E+30	6
$D$6	銘柄B投資制約(3) 運用状況	12	0.008	12	12	6

図 1.7：解答レポート，感度レポートワークシート図

第 2 章
線形計画モデル

2.1 はじめに

　数多くの数理計画モデルのなかで，線形計画（Linear Programming: LP）モデルは最も基本的なモデルとして位置付けられ，実際の意思決定問題に対する線形計画モデルの適用による成功事例も多数あることが知られている．第 1 章で述べたモデル構築プロセスにおける"モデルの分析と解の探索"段階において，コンピュータの利用による効率的な最適解の探索手順[1]が，早期に開発されたことがその成功要因の一つとしてあげられている．具体的には，1940 年代後期にダンツィク（Dantzig, G.B.）により提唱されたシンプレックス法（あるいは，単体法：The Simplex Method）とよばれる線形計画モデルに対する最適解の探索手順が（コンピュータ処理能力の急速な向上も相俟って）大規模な線形計画モデルに対しても適用が可能になったことがあげられている[2]．

　線形計画モデルは目的関数と全ての制約条件式が決定変数の線形関係式（すなわち，1 次の関係式）で与えられることは前述したが，決定変数の線形関係は，

---

[1] 一般的に，解を探索する手順はアルゴリズム（algorithm）と呼ばれるが，より正確には，探索手順を構成する各ステップの有限回の適用で求める解が得られる探索手順のことを指す（例えば，社団法人日本オペレーションズ・リサーチ学会 OR 事典編集委員会による「OR 事典 Wiki」(http://www.orsj.or.jp/~wiki/wiki/)などを参照のこと）．

[2] その後，1980 年代の半ばにカーマーカー（Karmakar, N.）による内点法の線形計画モデルへの解法として「カーマーカー法」が提唱されるまでは，「単体法」が最も有効な解法とされていた（例えば，「OR 事典 Wiki」を参照のこと）．

以下のように，線形性の公理(Wagner, 1975)，あるいは線形計画モデルの仮定(Bazaraa et al, 1990)としてその特徴付けがなされている．

第1には，比例性(proportionality)[3]があげられる．ある決定変数x_jの1次式がある定数c_jに対して 定数×変数，すなわち$c_j x_j$で表されるとき，この1次式の値をy_jで表すと，y_jは決定変数x_jの値に比例して求められる．例えば，ある製品jの1個当たりの購入費用がc_jであるとするなら，その製品を40個購入する費用は$y_j = 40 c_j$で与えられ，大量に1,000個購入（つまりその25倍の個数を購入）する場合の費用も同様に$y_j = 1000 c_j$として求められる（実際には，所定の数量を超えて多数の製品を購入する時には，数量割引と呼ばれる慣行が適用されることが一般的であり，1個当たりの購入費用はc_jよりも低価格が適用され，結果として，購入費用額は抑えられることになる）．逆に，40個購入するときの1/3の個数が必要であるとすると，必要な購入個数は$40 \times 1/3 = 40/3 = 13\ 1/3$となる．つまり，変数の値は分数値もとり得ることを意味している．実際には，ある製品の1/3個を購入することが可能でない場合が多く，この種の意思決定問題では決定変数値が整数であるという制約条件を付加する整数計画(Integer Programming)モデルが必要になる場合も生じる．

第2には，加法性（additivity）があげられる．これは複数の決定変数からなる線形計画モデルにおいては，各決定変数の1次式の和として全体の値が求められることである．例えば，2種類の製品1及び製品2を購入するとき，製品1の購入個数をx_1，その1個当たりの購入費用をc_1と表し，製品2の購入個数をx_2，その1個当たりの購入費用をc_2と表すとする．このとき，全体としての購入費用額はそれぞれの1次式の和$c_1 x_1 + c_2 x_2$で与えられることを意味する．この仮定の下では，製品1及び製品2の購入時には互いに影響を与えることなく，独立して意思決定できることが仮定されている．

第3には，分割性（divisibility）があげられる．これは，決定変数の値は非整数値，すなわち整数値を分割した値とみなせる分数値をとり得ることを意味する．この性質は第1にあげた比例性と密接な関係にある．

---

3) この紹介では，Bazaraa et al (1990)を主に参照した．Wagner (1975)では，ここでの比例性については，後で別途定義されている分割性という用語をあてている．

線形計画モデルとして意思決定問題を表す時には，これらの線形性に係わる基本的な性質が妥当なものとして仮定できるか（あるいは，限定的に成立するとみなせるか）否かを，モデル構築プロセスにおいて考慮することが必要であることは明らかであろう．実際の意思決定においては，厳密な線形性の仮定が成立しない非線形の意思決定問題が数多くあるが，そのような場合においても，線形計画モデルによる線形近似を逐次適用することで問題解決に到る場合もあることも知られている．また，上述のように，分割性の仮定が満たされない意思決定問題においては，モデルの構造は線形計画モデルではあるが，決定変数の値は整数でなければならないという条件が要求される線形整数計画モデル（Linear Integer Programming models）の応用も多数知られていることから，効率的な線形計画モデルの解法を適用するアプローチも重要となる．

2.2　最適解探索プロセスの直観的理解 ── 2 変数モデルの図式解法

　2 つの決定変数で表される線形計画モデルにおいては，モデルにより表される 1 次式は 2 次元平面図上に表現することができ，視覚的に最適解探索プロセスをながめることができる．図式的な探索プロセスの理解をとおして，線形計画モデルの標準的な解法の一つである単体法についても直観的な理解が得られる利点があげられる．決定変数が 2 つ（あるいは 3 つ）からなる線形計画モデルをグラフ平面図（または 3 次元グラフの立体図）として表示し，その図上において視覚的に最適解を求めていく方法は，図式解法（graphical solution method）と呼ばれる[4]．図式解法の説明のために，次の線形計画モデル数値例を取り上げることにする．

---

[4]　図式解法については，Anderson *et al* (2000) 等を参照のこと．なお，理論的には 3 変数モデルも図式的に取り扱うことは可能であるが，多くの場合，2 変数モデルへの適用に止まることが多い．

【LP 問題数値例 1】　2 変数の LP モデル(LP1)：

最大化　　　$Z = 8x_1 + 9x_2$
制約条件：

$$\frac{1}{4}x_1 + \frac{5}{8}x_2 \leq 330 \quad \cdots\cdots \quad (1)$$

$$\frac{3}{8}x_1 + \frac{1}{2}x_2 \leq 306 \quad \cdots\cdots \quad (2)$$

$$\frac{3}{8}x_1 + \frac{1}{4}x_2 \leq 234 \quad \cdots\cdots \quad (3)$$

$$x_1, x_2 \geq 0$$

このモデルは制約条件(1)から(3)及び決定変数の非負条件からなる 4 つの 1 次不等式制約条件からなる．グラフ平面上でそれぞれの 1 次不等式が表す領域は，条件式が等号で成立する直線で分けられる平面の何れか片方として表示される．例えば，制約条件(1)については，等号で成立する場合の直線の式は

$$\frac{1}{4}x_1 + \frac{5}{8}x_2 = 330$$

で与えられ，$x_2 = 0$ とすることで，この直線は x_1 軸上では $x_1 = 330 \times 4 = 1320$ で交わり，同様に x_2 軸上では 528 で交わる．制約条件式(1)の満たす領域は原点を含む側の半平面(この直線の下方の半平面)を表す．ここで，(1)〜(3)及び非負条件の全てが満たされる解の集合は(図 2.1)の斜線領域で表される．

(図 2.1)において，点 A から点 D の (x_1, x_2) 座標値は，

　　　点 A：(624,0)，点 B：(432,288)，点 C：(240,432)，点 D：(0,528)

である．この数値例では，5 角形 OABCD の 5 辺上及びその内部の全ての点が 3 つの制約 (1)〜(3) 及び決定変数の非負条件を満たす解の集合を表している ((図 2.1) において，この解の集合は斜線表示されている)．全ての制約条件を満たす任意の解は許容解(feasible solution)あるいは実行可能解と呼ばれ，許容解の集合は許容集合 (set of feasible solutions) または実行可能領域 (feasible region) と呼ばれる．したがって，最大化の線形計画モデルの目的は，最適な目的関数値(最大値)を与える許容解を求めることである．

この例では，目的関数は $Z = 8x_1 + 9x_2$ で与えられているので，目的関数値

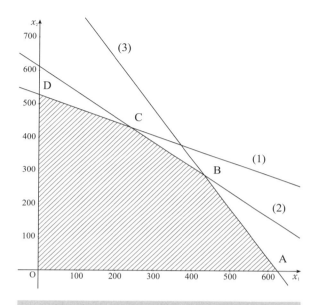

図2.1：LPモデル（LPG1）の解の領域

を表す変数 Z の値が決まれば，この目的関数を (x_1, x_2) 座標平面上に示すことができる．例えば，$Z=3600$ のときは，$3600 = 8x_1 + 9x_2$ という一次式を表すことになるので，$x_2 = -8/9\, x_1 + 400$ という傾きが $-8/9$ で x_2 切片値が 400 の直線として (x_1, x_2) 座標平面上に描ける（（図2.2）の直線①参照のこと）．（図2.2）において，この直線と許容領域の重なる線分上の全ての点（許容解）は同じ目的関数値 3600 をもつことになる．ここでは，目的関数値が 3600 の場合を取り上げたが，目的関数値を最大化する点を求めることを目的とすることから，任意の目的関数の値 Z に対して，目的関数の直線の式は $x_2 = -8/9\, x_1 + Z/9$ と表される．つまり，任意の目的関数の値についての直線の式は，傾き $-8/9$ x_2，切片値は $Z/9$ という同じ傾きをもつことになる．したがって，目的関数値 Z が最大になる点を座標平面上で求めることは，切片値 $Z/9$ が最大となる直線を決めることになる．

したがって，目的関数の値（切片値）が増加する方向に目的関数を平行移動し

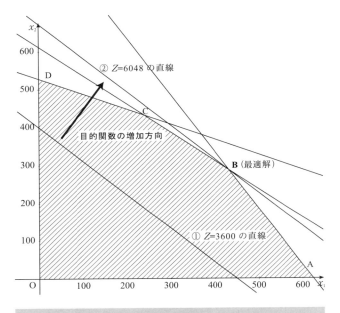

図 2.2：目的関数の直線の式の表示

ていくと，ある1点をとおる（または，許容領域のある辺[5]と重なる）まで移動が可能であることが分かる．この数値例では許容領域上の点 B がこの点に該当する（（図 2.2）の直線②参照）．点 B は許容領域の境界上の点であるから，さらに目的関数の増加方向に平行移動するならば，許容領域外に目的関数の直線が移動することになるので，直線②の目的関数 $Z = 6048$ の値が最大値となることが分かる．一般的には，線形代数の基本的性質により，線形計画モデルの最適解は許容領域の角の1点（端点（extreme point）と呼ばれる）において最適解が求められることが知られている．このことから，線形計画モデルの最適解の探索は，許容領域の端点を探索することにより求められることが分かる（この数値例では，許容領域を構成する端点は，点 O, 点 A ～ D の5つの端点からなり，最適解を与える端点はそのうちの1つの点 B となる）．

　図式解法は線形計画モデルの最適解探索のプロセスを直観的に理解するう

---

[5] 目的関数の傾きと許容領域の1辺の傾きが等しいときにこの場合が生ずる．

えでの一助となり，2変数の線形計画モデルの解探索に適用が可能ではあるが，一般の線形計画モデルの最適解を代数的に求めるうえでは適用できない．そこで，線形計画モデルの最適解を代数的に探索するためには，線形計画モデルを適切な（標準的な）形式により表現する必要性がある[6]．

2.3 線形計画モデルの標準形表現

線形計画モデルは決定変数の1次式の関係で表されるが，コンピュータによりモデルの最適解を探索する方法を定義するためには，その標準的なモデル表現を予め設定しておき，その標準的なモデル表現に見合うように定式化モデルを表現し直す必要が生じる場合がある．第1章で見たように，一般的な最適化モデルは，制約条件式群と目的関数からなるので，先ず目的関数についてながめることにする．

①最適化の方向

最適化とは与えられた制約条件の全てを満たす解の中から，目的関数の値が最適（つまり最良）となる解を探索することである．したがって，最適化の意味合いを考えるならば，目的関数の「最適化の方向」としては，目的関数値という実数値の'最大化'あるいは'最小化'の2通りがあるが，標準的な最適化の方向はそのうちの一つに設定すればよい．本書では，標準的な最適化の方向を'最大化'とする．'最小化'の最適化問題はその目的関数に-1を乗じて定義される関数の最大化を行い，その最大値に-1を乗ずることで（元の）最小化問題の最適値が得られることを以下においてながめることにする．

ある最小化問題において，所与の制約条件を満たす解の集合をXとし，最小化したい目的関数が$u = f(x)$で与えられているとき，目的関数$w = -f(x)$を同じ制約条件式を満たす解の集合Xで最大化するときに得られる最適解をx^*と表すとしよう．このとき，最大値$w^* = -f(x^*)$の定義より，全ての$x \in X$に対して，$w \leq w^*$，つまり，$-f(x) \leq -f(x^*)$，即ち，$f(x) \geq f(x^*)$とな

---

[6] Excelのソルバーにより原点Oを初期解として最適解を探索してみると，O→D→C→Bの順序で最適解の探索がされることが分かる．

り，最小値の定義から，この解 x^* は最小化問題の最適解であることが分かる．ここで，$u=-w$ であるから，最適値についても $u^*=-w^*$ という関係が与えられる．

以上から，線形計画（LP）モデルの最適化は，最大化あるいは最小化のいずれかのモデルにより表すことが可能であることが分かり，本書では，最大化の線形計画モデルを扱うことにする．

②制約条件式

線形計画モデルの制約条件式の多くは，ある資源の利用状況は所定の上限値を超えられない（または，下限値を下回れない）という1次不等式の形で与えられることが多い．つまり，

   資源の利用状況 ≦ 利用可能な上限値 ・・・・ ⅰ）

または

   資源の利用状況 ≧ 要求水準の下限値 ・・・・ ⅱ）

ここで，資源の利用状況は，決定変数の値とその1単位当たりの資源利用量の積の和で与えられる一次式で表される．この一次式部分を不等式の左辺（LHS）と表し，不等号の向きに応じた上限値あるいは下限値を不等式の右辺（RHS）と表すとき，任意の制約条件式は

  LHS（≦ or ≧）RHS

と表されることになる[7]．

ここで，タイプⅰ）の制約条件の場合，決定変数の値に対して資源の利用状況を計算してその値が許容範囲内にあるならば，右辺と左辺の差値

  右辺－左辺 = RHS － LHS ≧ 0

は資源の余裕量を表すとみなせる．資源の余裕量は意思決定内容を表す決定変数の値に応じて変化することから，この資源の余裕量を表す変数として，余裕変数（slack variable）$x_{SL} \equiv$ RHS － LHS ≧ 0 を導入すると，タイプⅰ）の制約は

---

[7] 定式化されたモデルにおいて，等号制約（LHS=RHS）も存在し得るが，そのような場合には，2つの連立不等式制約条件式（LHS ≦ RHS，LHS ≧ RHS）により，原則的には，置き換える方法によって対処が可能であろう．ここで，LHS（RHS）は Left Hand Side（Right Hand Side）の略である．

$$\text{LHS} + x_{SL} = \text{RHS}$$

すなわち

$$\text{資源の利用状況} + \text{余裕量} = \text{資源の利用可能上限値}$$

のように,等式条件式として表されたことになる.

同様にして,タイプ ii)の制約条件式の場合,左辺と右辺の差値

$$\text{左辺} - \text{右辺} = \text{LHS} - \text{RHS} \equiv \text{資源の余剰量} \geq 0$$

は資源の要求水準を上回る余剰を表すとみなせる.ここで,タイプ ii)の制約に対して余剰変数(surplus variable), $x_{SP} \geq 0$ を導入すると,

$$\text{LHS} - x_{SP} = \text{RHS}$$

すなわち

$$\text{資源の利用状況} - \text{余剰量} = \text{要求水準の下限値}$$

として,等式条件式として表されたことになる.

ここで,左辺値と右辺値の差の大きさ(差の絶対値)を表す非負変数として,スラック変数を $x_S \equiv |\text{RHS} - \text{LHS}|$ により定義すると,絶対値の定義から,タイプ i)の場合は

$$x_S = |\text{RHS} - \text{LHS}| = \text{RHS} - \text{LHS} \quad \text{すなわち,} \quad \text{LHS} + x_S = \text{RHS}$$

となり,タイプ ii)の場合は

$$x_S = |\text{RHS} - \text{LHS}| = -(\text{RHS} - \text{LHS}) \quad \text{すなわち,} \quad \text{LHS} - x_S = \text{RHS}$$

と表されるので,通常は,スラック変数を左辺に加えるか,あるいは減ずるかによって,不等式制約条件式は等式として表現されることになる.ただし,決定変数についての非負条件不等式については,等式として表現し直すことはされずに別途取り扱われる[8].

ある意思決定問題に対して得られた個々の線形計画モデル表現に対して(必要に応じて)予備的な処理を施すことにより,線形計画モデルの表現として想定される標準的な形式で表現されることが分かった.この標準的な線形計画モデル表現は線形計画モデルの標準形(Standard Form of LP Models)と呼ばれる.

ここで,線形計画モデルが n 個の意思決定変数 $x_1, x_2, x_3, \cdots, x_n$ で表され,全

---

[8] 有界変数(bounded variables),変数値に符号制約のない自由変数(unrestricted variables)の取扱いなどは今野(1987),Bazaraa et al(1990)等を参照のこと.

体で m 個の制約条件で与えられ，その構成はタイプ ⅰ) が m_1 個，タイプ ⅱ) が m_2 個（ただし，$m_1 + m_2 = m$）からなるとする．また，第 i 番目 $(i = 1, 2, \cdots, m)$ の制約条件において，決定変数 x_j が 1 単位当たりに必要とされる資源の量を a_{ij} $(j = 1, 2, \cdots, n)$ と表すとする．同様に，この制約条件における資源の利用可能な上限値を b_i により表すとする．このとき，LP モデルの仮定である比例性，加法性によると，第 i 番目 $(i = 1, 2, \cdots, m)$ の制約条件がタイプ ⅰ) であるならば，その制約条件により表わされる資源の利用状況 LHS_i は

$$\text{LHS}_i = a_{i1} x_1 + a_{i2} x_2 + \cdots + a_{in} x_n$$

となる．また，この制約条件の右辺値 RHS_i を b_i $(\geqq 0)$，スラック変数を s_i と表すならば，前述のとおり，

$$\text{LHS}_i + s_i = \text{RHS}_i$$

という関係式で表されるので，結果として，この制約条件は

$$a_{i1} x_1 + a_{i2} x_2 + \cdots + a_{in} x_n + s_i = b_i \quad (i = 1, 2, \cdots, m)$$

という一次の等式により表されることになる．同様にして，タイプ ⅱ) の制約条件については，

$$a_{i1} x_1 + a_{i2} x_2 + \cdots + a_{in} x_n - s_i = b_i \quad (i = 1, 2, \cdots, m)$$

という一次の等式により表される．

また，目的関数は，目的関数値 Z に対する決定変数 x_j 1 単位当たりの貢献の度合いを係数 c_j により表すとき，LP モデルの仮定により，

$$Z = c_1 x_1 + c_2 x_2 + \cdots c_n x_n$$

と表されることになる．ここで，スラック変数は意思決定変数ではないが，

$$s_i \equiv x_{n+i} \quad (i = 1, 2, \cdots, m)$$

と定義することで，変数名を x_j により統一して表してみる．そのために，制

約条件全体をタイプ i), タイプ ii) の順番で, グループ分けして列挙するならば, 標準形(最大化)LP モデルは

【標準形 LP モデル】

最大化 　　$Z = c_1 x_1 + c_2 x_2 + \cdots + c_n x_n \left(+ 0 x_{n+1} + \cdots + 0 x_{n+m} \right)$

制約条件:

$$a_{i1} x_1 + a_{i2} x_2 + \cdots + a_{in} x_n + x_{n+i} = b_i \quad (i = 1, 2, \cdots, m_1)$$
$$a_{i1} x_1 + a_{i2} x_2 + \cdots + a_{in} x_n - x_{n+i} = b_i \quad (i = m_1 + 1, m_1 + 2, \cdots, m_1 + m_2 = m)$$
$$x_1, x_2, \cdots, x_n, x_{n+i} \geq 0 \quad (i = 1, 2, \cdots, m)$$

と表されることになる. ここで, 右辺値 b_i は非負, すなわち, $b_i \geq 0 \ (i = 1, 2, \cdots, m)$ であることが想定されていることに注意しよう[9].

ここでは, 図式解法で用いた 2 変数の LP モデル (LPG1) を例にとり, その標準形 LP モデルを導出してみる:

【LP 問題数値例 1】(前出の LP モデル(LPG1)の再掲)

最大化 　　$Z = 8 x_1 + 9 x_2$

制約条件:

$$\frac{1}{4} x_1 + \frac{5}{8} x_2 \leq 330 \quad \cdots\cdots \ (1)$$
$$\frac{3}{8} x_1 + \frac{1}{2} x_2 \leq 306 \quad \cdots\cdots \ (2)$$
$$\frac{3}{8} x_1 + \frac{1}{4} x_2 \leq 234 \quad \cdots\cdots \ (3)$$
$$x_1, x_2 \geq 0$$

この LP モデルにおいては, 制約条件はタイプ i) のみから構成されている. よって, 一般的な標準形 LP モデルにおいて $m_2 = 0$ (すなわち, 剰余変数は存在しない) ので, 制約条件式 (1) から (3) に対して, スラック変数 $x_3 (= x_{2+1}), x_4, x_5$ を加えることにより, 以下の標準形 LP モデルが得られる:

---

[9] 後述するように, 実際に LP モデルを解くうえで, 決定変数の非負条件を満たすために必要とされる要件の一つである.

【LP 問題数値例 1 の標準形表現】

最大化 　　　$Z = 8x_1 + 9x_2$
制約条件：

$$\frac{1}{4}x_1 + \frac{5}{8}x_2 + x_3 \qquad\qquad = 330 \quad \cdots\cdots \quad (1)$$

$$\frac{3}{8}x_1 + \frac{1}{2}x_2 \qquad + x_4 \qquad = 306 \quad \cdots\cdots \quad (2)$$

$$\frac{3}{8}x_1 + \frac{1}{4}x_2 \qquad\qquad + x_5 = 234 \quad \cdots\cdots \quad (3)$$

$$x_1, x_2, x_3, x_4, x_5 \geq 0$$

標準形 LP モデルは等式で与えられる制約条件式がない場合には，制約条件式の数 ($= m$) だけ導入されたスラック変数が新たに増えることから，変数の総数は $m+n$ になる．しかし，スラック変数を新たに導入することにより，制約条件式はすべて等式からなる一次の連立方程式として表されることになる．したがって，標準形 LP モデルの変数のうちから，m 個の変数を選び（後述のように，残りの変数の値を 0 に設定して得られる），連立方程式の解（存在するならば）を求めることにより，標準形の LP モデルの最適解候補となり得る端点を表す解が求められることになる．

2.4　標準形 LP モデルの線形代数基礎

前節で述べたように，標準形 LP モデルの等式で与えられる制約条件式群は，n 変数からなる m（$< n$）個の連立方程式とみなされるので，n 個の変数の中から m 個の変数を選び，残りの $n-m$ 個の変数をゼロ値に設定することで定義される連立方程式が解をもつなら，それらの変数の値を一意に求めることができる．このようにして得られる解は基底解（basic solution）と呼ばれる．このように，n 個の変数全体は 2 つのグループに分けられることから，ゼロ値に設定された変数は非基底変数（non-basic variables），それ以外の変数は基底変数（basic variables）と呼ばれる．ここでは，前出の【LP 問題数値例 1 の標準形表現】に基づき具体的に検討してみる：

最大化 　　　$Z = 8x_1 + 9x_2$
制約条件：

$$\frac{1}{4}x_1 + \frac{5}{8}x_2 + x_3 \qquad\qquad = 330 \quad \cdots\cdots \quad (1)$$

$$\frac{3}{8}x_1 + \frac{1}{2}x_2 \qquad + x_4 \qquad = 306 \quad \cdots\cdots \quad (2)$$

$$\frac{3}{8}x_1 + \frac{1}{4}x_2 \qquad\qquad + x_5 = 234 \quad \cdots\cdots \quad (3)$$

$$x_1, x_2, x_3, x_4, x_5 \geq 0$$

において，$x_2 = 0, x_3 = 0$ とするときには，上記数値例の制約条件式群は

$$\frac{1}{4}x_1 \qquad\qquad\qquad = 330 \quad \cdots\cdots \quad (1)$$

$$\frac{3}{8}x_1 \qquad + x_4 \qquad = 306 \quad \cdots\cdots \quad (2)$$

$$\frac{3}{8}x_1 \qquad\qquad + x_5 = 234 \quad \cdots\cdots \quad (3)$$

$$x_1, x_2, x_3, x_4, x_5 \geq 0$$

となる．このときの解は，

$$x_1 = 1320, x_2 = 0, x_3 = 0, x_4 \left(= 306 - 3/8 \times 1320\right) = -189, x_5 = -261$$

となり，$x_4, x_5 < 0$ であることから，非負条件を満たさない解となる．

同様にして，この数値例で $x_2 = 0, x_5 = 0$ とするときに得られる解は

$$x_1 = 624, x_2 = 0, x_3 \left(= 330 - 1/4 \times 624\right) = 174, x_4 = 72, x_5 = 0$$

となり，この解は非負条件を満たすことから，標準形 LP モデルの許容解でもある．

この数値例では，ゼロ値に設定する変数の選び方は，5個から2つを選ぶ組合せ，すなわち，${}_5C_2 = (5 \times 4)/2 = 10$ とおりあるので，10個の基底解を図示すると(図2.3)となる．

この (図2.3) において，基底解は①～⑩で表示されている．いずれの基底解

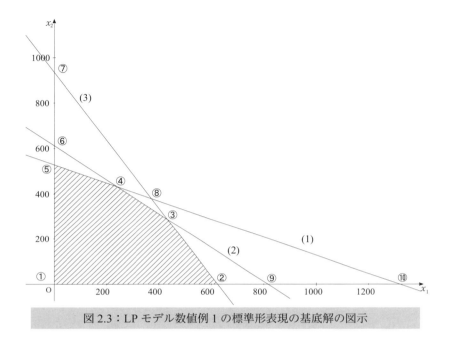

図 2.3：LP モデル数値例 1 の標準形表現の基底解の図示

も座標軸を含む直線の交点として与えられることが分かる．また，基底解①〜⑤は標準形 LP モデルの許容解であり，基底解⑥〜⑩は許容解ではないことが分かる．非基底変数を $x_2 = 0, x_3 = 0$ とする基底解は x_1 軸と制約条件等式（1）の交点である⑩として表されている．同様に，非基底変数を $x_2 = 0, x_5 = 0$ とする基底解は②として表されている．

与えられた LP モデルの許容解のうちで，基底解でもある解は基底許容解 (basic feasible solution: b.f.s.) と呼ばれる．一般的には，LP モデルの許容領域（許容集合）を表す解の集合が，コンパクト集合（つまり，空集合 (non-empty) ではなく，かつ有界 (bounded) である集合）であるなら，有限な最適解が存在し，その最適解は LP モデルの基底許容解の一つであるという数学的事実が知られている（この事実の証明は略すが，より詳細な解説・証明は今野 (1991)，Bazaraa et al (1990) 等を参照のこと）．

この【LP 問題数値例 1 の標準形表現】においては，x_1, x_2, x_3, x_4, x_5 という 5

つの変数により表現され，任意の基底解において，これらの変数は基底変数と非基底変数の二つのグループに分けられることが分かった．この標準形における変数のベクトル **x** は，この変数の添え字（インデックス番号 1〜5 を指す）の順に縦方向に並べて表現されるとする．一般に，添え字により個々の対象を区別して表されるものは配列と呼ばれる．この例であれば，ベクトル **x** は

$$\mathbf{x} = \begin{pmatrix} x_1 \\ x_2 \\ x_3 \\ x_4 \\ x_5 \end{pmatrix}$$

のように，縦方向の 1 列に並べられた（1 次元）配列により表される．この配列の各位置を構成する対象はベクトルの要素（element）と呼ばれる．したがって，この例では，ベクトル **x** の要素の数は 5 つであり，上から x_1, x_2, x_3, x_4, x_5 の順番に並べられることになる．また，この要素の数はベクトルの次元（dimension）と呼ばれる．配列は横方向の表現も可能であり，その場合は縦方向から横方向に転置（transpose）されたことを示すために，上付き文字 **T** を用いて

$$\mathbf{x}^\mathrm{T} = (x_1, x_2, x_3, x_4, x_5)$$

と表すことにする．縦方向の 1 列に並べられた配列により表されるベクトルを列ベクトル（column vector），横方向の配列により表されるベクトルを行ベクトル（row vector）と呼ぶ．

ここで，変数の添え字インデックス番号からなる（順序）集合をインデックス集合と呼び，基底変数のインデックス集合を B，非基底変数のインデックス集合を N と表すことにする。例えば，（図 2.3）において，基底解②は

$$x_1 = 624, x_2 = 0, x_3 = 174, x_4 = 72, x_5 = 0$$

であり，この基底解については $B = \{1, 3, 4\}$，$N = \{2, 5\}$ となる．

つぎに，以下の説明に不可欠となる線形代数の基礎であるベクトルの基本的性質 ⅰ）〜ⅳ）の確認をする：

2 つの n 次元のベクトルを $\mathbf{a}^\mathrm{T} = (a_1, a_2, \cdots, a_n)$，$\mathbf{b}^\mathrm{T} = (b_1, b_2, \cdots, b_n)$ とすると，

ⅰ) $\mathbf{a} = \mathbf{b}$ ならば，$a_1 = b_1, a_2 = b_2, \cdots, a_n = b_n$ である．

ⅱ) ベクトルの和 $\mathbf{a} + \mathbf{b}$ は n 次元のベクトル $\mathbf{a}^\mathrm{T} + \mathbf{b}^\mathrm{T} = (a_1 + b_1, a_2 + b_2, \cdots, a_n + b_n)$ により定義される．

ⅲ) t を任意の実数とすると，ベクトル $\mathbf{a}$ の t 倍は $t\mathbf{a}^\mathrm{T} = (ta_1, ta_2, \cdots, ta_n)$ により定義される．

ⅳ) ベクトル $\mathbf{a}, \mathbf{b}$ の内積 (inner product) $\mathbf{a}^\mathrm{T}\mathbf{b}$ は
$$\mathbf{a}^\mathrm{T}\mathbf{b} \equiv a_1 b_1 + a_2 b_2 + \cdots + a_n b_n = \sum_{j=1}^n a_j b_j$$
により定義される．

【LP問題数値例1の標準形表現】に基づき具体的に確認を行なうと，第1番目の制約条件式

$$\frac{1}{4}x_1 + \frac{5}{8}x_2 + x_3 \quad\quad = 330 \quad \cdots\cdots \quad (1)$$

においては変数 x_3 の係数は 1，変数 x_4，x_5 の係数は 0 であるので，

$$\frac{1}{4}x_1 + \frac{5}{8}x_2 + 1x_3 + 0x_4 + 0x_5 = 330 \quad \cdots\cdots \quad (1)$$

と表されている．この制約条件式の係数を要素とする5次元行ベクトルを

$$\mathbf{A}_{1*}{}^\mathrm{T} \equiv (a_{11}, a_{12}, a_{13}, a_{14}, a_{15}) = \left(\frac{1}{4}, \frac{5}{8}, 1, 0, 0\right)$$

と表すとする．この表記では，ベクトルの添え字部分にアスタリスク記号 '$*$' を用いているが，この表記の意図するところは，このベクトルは第1番目の制約条件式の係数値を要素とする行ベクトルであることを示すことにある（つまり，アスタリスク記号 '$*$' により，列位置は特に意味を持たせないということを示す）．この表記を用いると，第1番目の制約条件式はベクトルの内積

$$\mathbf{A}_{1*}{}^\mathrm{T}\mathbf{x} = \sum_{j=1}^5 a_{1j} x_j = 330$$

と表される．ここで，要素 a_{1j} は添え字が2つあるが，第1番目の添え字は制約条件式の番号（= 1），第2番目の添え字はその係数値に関連する変数のインデックス番号を示している．例えば，a_{13} は第1番目の制約条件式における3番目の変数の係数値 1 を表すことになる．同様にして，第2番目の制約条件

式の係数を要素とする行ベクトルを

$$\mathbf{A}_{2*}^{\mathbf{T}} \equiv (a_{21}, a_{22}, a_{23}, a_{24}, a_{25}) = \left(\frac{3}{8}, \frac{1}{2}, 0, 1, 0\right)$$

第3番目の制約条件式の係数を要素とする行ベクトルを

$$\mathbf{A}_{3*}^{\mathbf{T}} \equiv (a_{31}, a_{32}, a_{33}, a_{34}, a_{35}) = \left(\frac{3}{8}, \frac{1}{4}, 0, 0, 1\right)$$

と表すと，2次元の配列（ここでは，行ベクトルを縦方向に並べた形式）として制約条件式群の係数行列（coefficient matrix）$\mathbf{A}$ が以下のように定義される：

$$\mathbf{A} = \begin{pmatrix} \mathbf{A}_{1*}^{\mathbf{T}} \\ \mathbf{A}_{2*}^{\mathbf{T}} \\ \mathbf{A}_{3*}^{\mathbf{T}} \end{pmatrix} = \begin{bmatrix} a_{11} & a_{12} & a_{13} & a_{14} & a_{15} \\ a_{21} & a_{22} & a_{23} & a_{24} & a_{25} \\ a_{31} & a_{32} & a_{33} & a_{34} & a_{35} \end{bmatrix} = \begin{bmatrix} \frac{1}{4} & \frac{5}{8} & 1 & 0 & 0 \\ \frac{3}{8} & \frac{1}{2} & 0 & 1 & 0 \\ \frac{3}{8} & \frac{1}{4} & 0 & 0 & 1 \end{bmatrix}$$

行列 $\mathbf{A}$ とベクトル $\mathbf{x}$ の乗算 $\mathbf{Ax}$ は，行列の各行ベクトル $\mathbf{A}_{i*}^{\mathbf{T}}$ $(i=1,2,3)$ とベクトル $\mathbf{x}$ の内積値のベクトルで定義される．数値例では，それぞれの内積値は制約条件式の右辺値に等しく制約されるので，制約条件式の各右辺値を要素としてもつベクトルを $\mathbf{b}^{\mathbf{T}} \equiv (b_1, b_2, b_3) = (330, 306, 234)$ と表すと，制約条件式群は

$$\mathbf{Ax} = \begin{pmatrix} \mathbf{A}_{1*}^{\mathbf{T}} \\ \mathbf{A}_{2*}^{\mathbf{T}} \\ \mathbf{A}_{3*}^{\mathbf{T}} \end{pmatrix} \mathbf{x} = \begin{pmatrix} \mathbf{A}_{1*}^{\mathbf{T}} \mathbf{x} \\ \mathbf{A}_{2*}^{\mathbf{T}} \mathbf{x} \\ \mathbf{A}_{3*}^{\mathbf{T}} \mathbf{x} \end{pmatrix} = \begin{pmatrix} \sum_{j=1}^{5} a_{1j} x_j \\ \sum_{j=1}^{5} a_{2j} x_j \\ \sum_{j=1}^{5} a_{3j} x_j \end{pmatrix} = \begin{pmatrix} 330 \\ 306 \\ 234 \end{pmatrix} = \mathbf{b} \quad \text{即ち，} \quad \mathbf{Ax} = \mathbf{b}$$

と表される．具体的には，行列とベクトルの表現によると【LP問題数値例1の標準形表現】は

$$\begin{bmatrix} \frac{1}{4} & \frac{5}{8} & 1 & 0 & 0 \\ \frac{3}{8} & \frac{1}{2} & 0 & 1 & 0 \\ \frac{3}{8} & \frac{1}{4} & 0 & 0 & 1 \end{bmatrix} \begin{pmatrix} x_1 \\ x_2 \\ x_3 \\ x_4 \\ x_5 \end{pmatrix} = \begin{pmatrix} 330 \\ 306 \\ 234 \end{pmatrix}$$

と表される.

また，この係数行列 $\mathbf{A}$ は，変数のインデックス番号に順じて，各列ベクトルを横方向に並べた形式とみなすこともできる．この例では，行列 $\mathbf{A}$ の列数は 5 であるので，以下の 5 つの 3 次元列ベクトル

$$\mathbf{A}_{*1} = \begin{pmatrix} a_{11} \\ a_{21} \\ a_{31} \end{pmatrix}, \quad \mathbf{A}_{*2} = \begin{pmatrix} a_{12} \\ a_{22} \\ a_{32} \end{pmatrix}, \quad \mathbf{A}_{*3} = \begin{pmatrix} a_{13} \\ a_{23} \\ a_{33} \end{pmatrix}, \quad \mathbf{A}_{*4} = \begin{pmatrix} a_{14} \\ a_{24} \\ a_{34} \end{pmatrix}, \quad \mathbf{A}_{*5} = \begin{pmatrix} a_{15} \\ a_{25} \\ a_{35} \end{pmatrix}$$

を定義すれば，行列 $\mathbf{A}$ は

$$\mathbf{A} = (\mathbf{A}_{*1}, \mathbf{A}_{*2}, \mathbf{A}_{*3}, \mathbf{A}_{*4}, \mathbf{A}_{*5}) = \begin{bmatrix} a_{11} & a_{12} & a_{13} & a_{14} & a_{15} \\ a_{21} & a_{22} & a_{23} & a_{24} & a_{25} \\ a_{31} & a_{32} & a_{33} & a_{34} & a_{35} \end{bmatrix} = \begin{bmatrix} \frac{1}{4} & \frac{5}{8} & 1 & 0 & 0 \\ \frac{3}{8} & \frac{1}{2} & 0 & 1 & 0 \\ \frac{3}{8} & \frac{1}{4} & 0 & 0 & 1 \end{bmatrix}$$

のように，列ベクトルの並びとしてみなすこともできる（この表記においても，アスタリスク記号 '$*$' の使用は，行位置には特に意味を持たせないということを示している）．ここで，列ベクトル $\mathbf{A}_{*1}$ の x_1 倍と列ベクトル $\mathbf{A}_{*2}$ の x_2 倍の和を求めると，前述の基本的性質 ii) 及び iii) から，

$$x_1 \mathbf{A}_{*1} + x_2 \mathbf{A}_{*2} = x_1 \begin{pmatrix} a_{11} \\ a_{21} \\ a_{31} \end{pmatrix} + x_2 \begin{pmatrix} a_{12} \\ a_{22} \\ a_{32} \end{pmatrix} = \begin{pmatrix} x_1 a_{11} \\ x_1 a_{21} \\ x_1 a_{31} \end{pmatrix} + \begin{pmatrix} x_2 a_{12} \\ x_2 a_{22} \\ x_2 a_{32} \end{pmatrix} = \begin{pmatrix} x_1 a_{11} + x_2 a_{12} \\ x_1 a_{21} + x_2 a_{22} \\ x_1 a_{31} + x_2 a_{32} \end{pmatrix}$$

と表されるので，

$$x_1 \mathbf{A}_{*1} + x_2 \mathbf{A}_{*2} + \cdots + x_5 \mathbf{A}_{*5} = \begin{pmatrix} x_1 a_{11} + x_2 a_{12} + \cdots + x_5 a_{15} \\ x_1 a_{21} + x_2 a_{22} + \cdots + x_5 a_{25} \\ x_1 a_{31} + x_2 a_{32} + \cdots + x_5 a_{35} \end{pmatrix} = \begin{pmatrix} \sum_{j=1}^{5} a_{1j} x_j \\ \sum_{j=1}^{5} a_{2j} x_j \\ \sum_{j=1}^{5} a_{3j} x_j \end{pmatrix} = \begin{pmatrix} b_1 \\ b_2 \\ b_3 \end{pmatrix} = \mathbf{b}$$

となる.

一般的には，制約条件式数が m 個，変数が n 個の標準形 LP に対しては，m 行 n 列（これを $(m \times n)$ と表記することが多い）の係数行列 $\mathbf{A}$ と変数ベクトル $\mathbf{x}$，制約条件式の右辺値ベクトル $\mathbf{b}$ に対して，標準形 LP 制約条件式群は

$$\mathbf{A}\mathbf{x} = \mathbf{b}, \quad \mathbf{x} \geq \mathbf{0}$$

と表される．また，上述のとおり，ベクトルの基本的性質 iv) により，非負条件を除く制約条件式群は

$$x_1 \mathbf{A}_{*1} + x_2 \mathbf{A}_{*2} + \cdots + x_n \mathbf{A}_{*n} = \sum_{j=1}^{n} x_j \mathbf{A}_{*j} = \mathbf{b} \tag{2.1}$$

という形式によっても表されることになる．

ここで，（図2.3）の点②についてながめてみると，前述のように，$B = \{1, 3, 4\}$，$N = \{2, 5\}$ であり，基底変数は $x_1 = 624, x_3 = 174, x_4 = 72$ であり，非基底変数は $x_2 = 0, x_5 = 0$ であることが分かった．そこで，基底変数のベクトルを $\mathbf{x}_B$，非基底変数のベクトルを $\mathbf{x}_N$ と表すことにする．この点②においては，

$$\mathbf{x}_B{}^T = (x_1, x_3, x_4), \quad \mathbf{x}_N{}^T = (x_2, x_5)$$

と表すことができる．係数行列 $\mathbf{A}$ において，B の各要素の列位置に対応する列ベクトルの集まりとして構成される行列 $\mathbf{B}$ が正則[10]であるならば，この行列を基底行列（basis matrix）と呼ぶ．また，N の各要素の列位置に対応する列ベクトルの集まりとして，非基底行列 $\mathbf{N}$ を構成することができる．この例では，

$$\mathbf{B} = \begin{bmatrix} \mathbf{A}_{*1}, \mathbf{A}_{*3}, \mathbf{A}_{*4} \end{bmatrix} = \begin{bmatrix} \frac{1}{4} & 1 & 0 \\ \frac{3}{8} & 0 & 1 \\ \frac{3}{8} & 0 & 0 \end{bmatrix}, \quad \mathbf{N} = \begin{bmatrix} \mathbf{A}_{*2}, \mathbf{A}_{*5} \end{bmatrix} = \begin{bmatrix} \frac{5}{8} & 0 \\ \frac{1}{2} & 0 \\ \frac{1}{4} & 1 \end{bmatrix}$$

となる．一般的には，$(m \times n)$ の係数行列 $\mathbf{A}$ において，変数のインデックス集合 B 及び N が与えられたとき，m 次元の基底変数ベクトル $\mathbf{x}_B$ と $(n - m)$ 次元の非基底変数ベクトル $\mathbf{x}_N$，及びその基底行列 $\mathbf{B}$ と非基底行列 $\mathbf{N}$ に対して，

$$\mathbf{A}\mathbf{x} = \begin{bmatrix} \mathbf{B}, \mathbf{N} \end{bmatrix} \begin{pmatrix} \mathbf{x}_B \\ \mathbf{x}_N \end{pmatrix} = \mathbf{B}\mathbf{x}_B + \mathbf{N}\mathbf{x}_N = \mathbf{b} \tag{2.2}$$

のように，制約条件式群の変数を2つのグループに分割して表示することができる．(2.1)式を参照すると，この例の場合，(2.2)式は，

---

[10] 正則行列であるならば，その逆行列が存在し，基底解が求められる．

$$\begin{bmatrix} \dfrac{1}{4} & 1 & 0 \\ \dfrac{3}{8} & 0 & 1 \\ \dfrac{3}{8} & 0 & 0 \end{bmatrix} \begin{pmatrix} x_1 \\ x_3 \\ x_4 \end{pmatrix} + \begin{bmatrix} \dfrac{5}{8} & 0 \\ \dfrac{1}{2} & 0 \\ \dfrac{1}{4} & 1 \end{bmatrix} \begin{pmatrix} x_2 \\ x_5 \end{pmatrix} = \begin{pmatrix} 330 \\ 306 \\ 234 \end{pmatrix}$$

と表されることが分かる.

　次に，基底解を求める上で必要な基礎を見ていくことにする．(2.2) 式によると，定義により $\mathbf{x}_N = \mathbf{0}$ であるから，基底変数ベクトル $\mathbf{x}_B$ について $\mathbf{B}\mathbf{x}_B = \mathbf{b}$ を解く必要がある．ここで，$(m \times m)$ の行列で，対角線上の要素のみが 1 で他の要素は全て 0 である行列は単位行列（identity matrix）と呼ばれ，$\mathbf{I}_m$ と表記される．基底行列 $\mathbf{B}$ が正則な行列であるなら，$(m \times m)$ 行列 $\mathbf{C}$ が $\mathbf{BC} = \mathbf{CB} = \mathbf{I}_m$ という関係をみたして存在する．この行列 $\mathbf{C}$ は基底行列 $\mathbf{B}$ の逆行列[11]（inverse matrix）と呼ばれ，$\mathbf{B}^{-1}$ と表記される．すなわち，$\mathbf{B}\mathbf{B}^{-1} = \mathbf{B}^{-1}\mathbf{B} = \mathbf{I}_m$ という関係が成り立つ．この数値例の場合,

$$\mathbf{B}^{-1} = \begin{bmatrix} 0 & 0 & \dfrac{8}{3} \\ 1 & 0 & -\dfrac{2}{3} \\ 0 & 1 & -1 \end{bmatrix}$$

である．実際に行列の乗算を行なうと,

$$\mathbf{B}\mathbf{B}^{-1} = \begin{bmatrix} \dfrac{1}{4} & 1 & 0 \\ \dfrac{3}{8} & 0 & 1 \\ \dfrac{3}{8} & 0 & 0 \end{bmatrix} \begin{bmatrix} 0 & 0 & \dfrac{8}{3} \\ 1 & 0 & -\dfrac{2}{3} \\ 0 & 1 & -1 \end{bmatrix} = \begin{bmatrix} \mathbf{B}_{1*}^{\mathrm{T}}(\mathbf{B}^{-1})_{*1} & \mathbf{B}_{1*}^{\mathrm{T}}(\mathbf{B}^{-1})_{*2} & \mathbf{B}_{1*}^{\mathrm{T}}(\mathbf{B}^{-1})_{*3} \\ \mathbf{B}_{2*}^{\mathrm{T}}(\mathbf{B}^{-1})_{*1} & \mathbf{B}_{2*}^{\mathrm{T}}(\mathbf{B}^{-1})_{*2} & \mathbf{B}_{2*}^{\mathrm{T}}(\mathbf{B}^{-1})_{*3} \\ \mathbf{B}_{3*}^{\mathrm{T}}(\mathbf{B}^{-1})_{*1} & \mathbf{B}_{3*}^{\mathrm{T}}(\mathbf{B}^{-1})_{*2} & \mathbf{B}_{3*}^{\mathrm{T}}(\mathbf{B}^{-1})_{*3} \end{bmatrix} = \begin{bmatrix} 1 & 0 & 0 \\ 0 & 1 & 0 \\ 0 & 0 & 1 \end{bmatrix} = \mathbf{I}_3$$

となる．例えば,

---

[11] 逆行列は行列式，余因子による数式の定義に基づく計算法，Gauss-Jordan による掃き出し法により求める方法等が知られている．また，身近なツールとしては，Excel の逆行列を計算する =MINVERSE 関数の利用により求められるが，本書ではこの脚注での指摘に止める．詳細は線形代数の教科書（例えば，安藤他(1984)，齊藤(1978)等）を参照されたい．

$$\mathbf{B_{1*}}^{\mathbf{T}} = \left(\frac{1}{4}, 1, 0\right), \left(\mathbf{B}^{-1}\right)_{*3} = \begin{pmatrix} \frac{8}{3} \\ -\frac{2}{3} \\ -1 \end{pmatrix} \quad \therefore \mathbf{B_{1*}}^{\mathbf{T}}\left(\mathbf{B}^{-1}\right)_{*3} = \left(\frac{1}{4}, 1, 0\right)\begin{pmatrix} \frac{8}{3} \\ -\frac{2}{3} \\ -1 \end{pmatrix} = 0$$

であり，これは単位行列の第1行第3列の要素となっている．

基底許容解を求めるために $\mathbf{Bx}_B = \mathbf{b}$ の両辺に逆行列 $\mathbf{B}^{-1}$ を左から乗ずると

$$\mathbf{B}^{-1}\mathbf{Bx}_B = \mathbf{B}^{-1}\mathbf{b}$$
$$\mathbf{I}_3\,\mathbf{x}_B = \mathbf{B}^{-1}\mathbf{b},$$
$$\mathbf{x}_B = \mathbf{B}^{-1}\mathbf{b} \tag{2.3}$$

である．この数値例では，$B = \{1, 3, 4\}$，$N = \{2, 5\}$ であるから，

$$\begin{bmatrix} 1 & 0 & 0 \\ 0 & 1 & 0 \\ 0 & 0 & 1 \end{bmatrix}\begin{pmatrix} x_1 \\ x_3 \\ x_4 \end{pmatrix} = \begin{bmatrix} 0 & 0 & \frac{8}{3} \\ 1 & 0 & -\frac{2}{3} \\ 0 & 1 & -1 \end{bmatrix}\begin{pmatrix} 330 \\ 306 \\ 234 \end{pmatrix}$$

$$\therefore \mathbf{x}_B = \begin{pmatrix} x_1 \\ x_3 \\ x_4 \end{pmatrix} = \begin{pmatrix} \frac{8}{3} \times 234 \\ 330 - 234 \times \frac{2}{3} \\ 306 - 234 \end{pmatrix} = \begin{pmatrix} 624 \\ 174 \\ 72 \end{pmatrix}$$

となり，図式解法の（許容）基底解②と一致することが確認された（（図2.3）参照のこと）．

一般的には，制約条件式数が m 個，変数が n 個の標準形 LP に対しては，$(m \times n)$ の係数行列 $\mathbf{A}$ と変数ベクトル $\mathbf{x}$，制約条件式の右辺値ベクトル $\mathbf{b}$ に対して，前述のとおり，標準形 LP 制約条件式群は $\mathbf{Ax} = \mathbf{b}$，$\mathbf{x} \geq \mathbf{0}$ と表される．

つぎに，目的関数についても同様な表記を適用してみる．基底変数のインデックス集合 B，非基底変数のインデックス集合 N に対して，制約条件式群の係数行列 $\mathbf{A}$ が，基底行列 $\mathbf{B}$ と非基底行列 $\mathbf{N}$ に分割されたのと同様にして，目

的関数の係数ベクトル $\mathbf{c}^T = (c_1, c_2, \ldots, c_n)$ を，基底変数の係数ベクトル $\mathbf{c}_B{}^T$ 及び非基底変数の係数ベクトルを $\mathbf{c}_N{}^T$ と分割して表すことにする．この例においては，$B = \{1, 3, 4\}$，$N = \{2, 5\}$ であるから，$\mathbf{c}_B{}^T = (8, 0, 0)$，$\mathbf{c}_N{}^T = (9, 0)$ となる．一般的には，目的関数値 Z は

$$Z = \mathbf{c}^T\mathbf{x} = \mathbf{c}_B{}^T\mathbf{x}_B + \mathbf{c}_N{}^T\mathbf{x}_N \tag{2.4}$$

と表され，所与のインデックス集合 B，N に対して，標準形LPは

$$\begin{aligned}&\text{最大化} \quad Z = \mathbf{c}^T\mathbf{x} = \mathbf{c}_B{}^T\mathbf{x}_B + \mathbf{c}_N{}^T\mathbf{x}_N \\ &\text{制約条件：} \quad \mathbf{A}\mathbf{x} = \mathbf{B}\mathbf{x}_B + \mathbf{N}\mathbf{x}_N = \mathbf{b}, \quad (\mathbf{x}_B, \mathbf{x}_N)^T \geq \mathbf{0}^T \end{aligned} \tag{2.5}$$

と表される．ここで，(2.3)式で $\mathbf{x}_B = \mathbf{B}^{-1}\mathbf{b} \geq \mathbf{0}$ であるなら，その基底解は標準形LPの許容解でもあるので，(2.5)式の両辺に基底逆行列を左から乗ずると

$$\begin{aligned}&\mathbf{B}\mathbf{x}_B + \mathbf{N}\mathbf{x}_N = \mathbf{b} \\ &\mathbf{B}^{-1}(\mathbf{B}\mathbf{x}_B + \mathbf{N}\mathbf{x}_N) = \mathbf{B}^{-1}\mathbf{b} \\ &\mathbf{I}_m\mathbf{x}_B + \mathbf{B}^{-1}\mathbf{N}\mathbf{x}_N = \mathbf{B}^{-1}\mathbf{b}\end{aligned}$$

つまり，

$$\mathbf{x}_B = \mathbf{B}^{-1}\mathbf{b} - \mathbf{B}^{-1}\mathbf{N}\mathbf{x}_N \tag{2.6}$$

となる．(2.6)式を(2.4)式に代入すると

$$Z = \mathbf{c}^T\mathbf{x} = \mathbf{c}_B{}^T\left(\mathbf{B}^{-1}\mathbf{b} - \mathbf{B}^{-1}\mathbf{N}\mathbf{x}_N\right) + \mathbf{c}_N{}^T\mathbf{x}_N$$

すなわち，

$$Z = \mathbf{c}^T\mathbf{x} = \mathbf{c}_B{}^T\mathbf{B}^{-1}\mathbf{b} - \mathbf{c}_B{}^T\mathbf{B}^{-1}\mathbf{N}\mathbf{x}_N + \mathbf{c}_N{}^T\mathbf{x}_N$$

よって，

$$Z = \mathbf{c}^T\mathbf{x} = \mathbf{c}_B{}^T\mathbf{B}^{-1}\mathbf{b} - \left(\mathbf{c}_B{}^T\mathbf{B}^{-1}\mathbf{N} - \mathbf{c}_N{}^T\right)\mathbf{x}_N \tag{2.7}$$

となる．

　この数値例では $B = \{1, 3, 4\}$，$N = \{2, 5\}$ であるから，

$$Z = \mathbf{c}^{\mathrm{T}}\mathbf{x} = \mathbf{c}_B{}^{\mathrm{T}}\mathbf{B}^{-1}\mathbf{b} - \left(\mathbf{c}_B{}^{\mathrm{T}}\mathbf{B}^{-1}\mathbf{N} - \mathbf{c}_N{}^{\mathrm{T}}\right)\mathbf{x}_N$$

$$Z = (8,0,0)\begin{bmatrix}0 & 0 & \frac{8}{3} \\ 1 & 0 & -\frac{2}{3} \\ 0 & 1 & -1\end{bmatrix}\begin{pmatrix}330 \\ 306 \\ 234\end{pmatrix} - \left((8,0,0)\begin{bmatrix}0 & 0 & \frac{8}{3} \\ 1 & 0 & -\frac{2}{3} \\ 0 & 1 & -1\end{bmatrix}\begin{bmatrix}\frac{5}{8} & 0 \\ \frac{1}{2} & 0 \\ \frac{1}{4} & 1\end{bmatrix} - (9,0)\right)\begin{pmatrix}0 \\ 0\end{pmatrix}$$

$$Z = \left(0,0,\frac{64}{3}\right)\begin{pmatrix}330 \\ 306 \\ 234\end{pmatrix} - \left(\left(0,0,\frac{64}{3}\right)\begin{bmatrix}\frac{5}{8} & 0 \\ \frac{1}{2} & 0 \\ \frac{1}{4} & 1\end{bmatrix} - (9,0)\right)\begin{pmatrix}0 \\ 0\end{pmatrix}$$

さらに簡略化すると，

$$Z = \frac{64}{3} \times 234 - \left(\left(\frac{16}{3},\frac{64}{3}\right) - (9,0)\right)\begin{pmatrix}0 \\ 0\end{pmatrix}$$

$$Z = 4992 - \left(-\frac{11}{3},\frac{64}{3}\right)\begin{pmatrix}0 \\ 0\end{pmatrix}$$

$$Z = 4992 - 0 = 4992$$

となる．ここで，(2.7)式を参照すると，この許容基底解においては，

$$\mathbf{c}_B{}^{\mathrm{T}}\mathbf{B}^{-1}\mathbf{N} - \mathbf{c}_N{}^{\mathrm{T}} = \left(-\frac{11}{3},\frac{64}{3}\right) \tag{2.8}$$

であることが分かった．また，現基底解の目的関数値を $\overline{Z} = \mathbf{c}_B{}^{\mathrm{T}}\mathbf{B}^{-1}\mathbf{b}$ と表すならば $\mathbf{x}_N = \mathbf{0}$ であるから，(2.7)式は

$$\overline{Z} = \mathbf{c}^{\mathrm{T}}\mathbf{x} = \overline{Z} - \left(\mathbf{c}_B{}^{\mathrm{T}}\mathbf{B}^{-1}\mathbf{N} - \mathbf{c}_N{}^{\mathrm{T}}\right)\mathbf{x}_N \tag{2.9}$$

となる（もちろん，$\overline{Z} = 4992$ である）．

ここで，必要となるいくつかの定義を示すことにする[12]．行列 $\mathbf{N}$ は非基底

---

[12] ここでの定義は，Bazaraa et al(1990)，福島(2011)を参照した．

行列を表すので，非基底変数のインデックス集合 N の要素 $j \in N$ の係数列ベクトル $\mathbf{A}_{*j}$ に対して列ベクトルを

$$\mathbf{y}_j \equiv \mathbf{B}^{-1}\mathbf{A}_{*j} \tag{2.10}$$

と表すことにする．また，シンプレックス乗数 (simplex multiplier) と呼ばれる行ベクトルを

$$\mathbf{w}^\mathrm{T} \equiv \mathbf{c}_B{}^\mathrm{T}\mathbf{B}^{-1} \tag{2.11}$$

と表す．さらに，非基底変数のインデックス集合 N の要素 $j \in N$ に対して

$$z_j \equiv \mathbf{c}_B{}^\mathrm{T}\mathbf{B}^{-1}\mathbf{A}_{*j} = \mathbf{w}^\mathrm{T}\mathbf{A}_{*j} = \mathbf{c}_B{}^\mathrm{T}\mathbf{y}_j \tag{2.12}$$

と表すことにする．式(2.12)によると，式(2.9)は

$$\overline{Z} = \mathbf{c}^\mathrm{T}\mathbf{x} = \overline{Z} - \sum_{j \in N}(z_j - c_j)x_j \tag{2.13}$$

と表される．また，(2.6) 式において，現基底変数ベクトルの値 $\overline{\mathbf{x}}_B$ を与えるベクトルを $\overline{\mathbf{b}}$ で表すと

$$\overline{\mathbf{x}}_B = \mathbf{B}^{-1}\mathbf{b} - \mathbf{B}^{-1}\mathbf{N}\,\mathbf{x}_N = \overline{\mathbf{b}} - \sum_{j \in N} x_j \mathbf{y}_j$$

であるから，

$$\sum_{j \in N} x_j \mathbf{y_j} + \overline{\mathbf{x}}_B = \overline{\mathbf{b}} \tag{2.14}$$

となる．この数値例では，シンプレックス乗数ベクトルは

$$\mathbf{w}^\mathrm{T} \equiv \mathbf{c}_B{}^\mathrm{T}\mathbf{B}^{-1} = (8,0,0)\begin{bmatrix} 0 & 0 & \dfrac{8}{3} \\ 1 & 0 & -\dfrac{2}{3} \\ 0 & 1 & -1 \end{bmatrix} = \left(0,0,\left(\dfrac{8}{3}\times 8\right)\right) = \left(0,0,\dfrac{64}{3}\right)$$

となり，この例では $N = \{2,5\}$，$\mathbf{N} = [\mathbf{A}_{*2}, \mathbf{A}_{*5}]$ であるから，

$$\mathbf{y}_2 \equiv \mathbf{B}^{-1}\mathbf{A}_{*2} = \begin{bmatrix} 0 & 0 & \frac{8}{3} \\ 1 & 0 & -\frac{2}{3} \\ 0 & 1 & -1 \end{bmatrix} \begin{pmatrix} \frac{5}{8} \\ \frac{1}{2} \\ \frac{1}{4} \end{pmatrix} = \begin{pmatrix} \frac{2}{3} \\ \frac{11}{24} \\ \frac{1}{4} \end{pmatrix}, \quad \mathbf{y}_5 \equiv \mathbf{B}^{-1}\mathbf{A}_{*5} = \begin{bmatrix} 0 & 0 & \frac{8}{3} \\ 1 & 0 & -\frac{2}{3} \\ 0 & 1 & -1 \end{bmatrix} \begin{pmatrix} 0 \\ 0 \\ 1 \end{pmatrix} = \begin{pmatrix} \frac{8}{3} \\ -\frac{2}{3} \\ -1 \end{pmatrix}$$

となり，(2.12)式から

$$z_2 \equiv \mathbf{c}_B{}^{\mathrm{T}}\mathbf{B}^{-1}\mathbf{A}_{*2} = \mathbf{c}_B{}^{\mathrm{T}}\mathbf{y}_2 = (8,0,0)\begin{pmatrix} \frac{2}{3} \\ \frac{11}{24} \\ \frac{1}{4} \end{pmatrix} = \frac{16}{3}, \quad z_5 \equiv \mathbf{c}_B{}^{\mathrm{T}}\mathbf{B}^{-1}\mathbf{A}_{*5} = \mathbf{c}_B{}^{\mathrm{T}}\mathbf{y}_5 = (8,0,0)\begin{pmatrix} \frac{8}{3} \\ -\frac{2}{3} \\ -1 \end{pmatrix} = \frac{64}{3}$$

となる．よって，(2.13)式は

$$\begin{aligned}
\overline{Z} = \mathbf{c}^{\mathrm{T}}\mathbf{x} &= \overline{Z} - \sum_{j \in N}(z_j - c_j)x_j \\
&= \overline{Z} - (z_2 - c_2)x_2 - (z_5 - c_5)x_5 \\
&= \overline{Z} - \left(\frac{16}{3} - 9\right)x_2 - \left(\frac{64}{3} - 0\right)x_5 \\
&= \overline{Z} + \frac{11}{3}x_2 - \frac{64}{3}x_5
\end{aligned}$$

すなわち，

$$\overline{Z} = \overline{Z} + \frac{11}{3}x_2 - \frac{64}{3}x_5 \tag{2.15}$$

と表される．(2.15)式から，非基底変数 x_2 の値をゼロ値から $\Delta x_2 > 0$ だけ増やすことが可能であると目的関数の値の増分 ΔZ は $\Delta Z = \frac{11}{3} \times \Delta x_2$ と見込まれることが分かる．(図2.3)では，現基底解は②の端点であるから，最適解の候補解として探す端点は $x_2 > 0$ となる点を選べば，現許容基底解を表す端点②よりもより大きい目的関数値が得られることを(2.15)式は示している．では，どの位 x_2 の値をゼロ値から増やせるのか（つまり，次の候補解である端点の新

基底変数 x_2 の値は何か）を決める必要がある [13]．（図2.3）では端点②に隣接する端点は端点①と端点③の2つある．この2つの端点のうちで，端点②より大きい目的関数値をもたらす端点は端点③であることが（図2.3）より読み取れる．図式解法により求めたように，端点③は図(2.1)の点Bであるので，点B：$(x_1, x_2) = (432, 288)$ であり，制約(2)，(3)は等式で成り立つ点であることから，

$$x_1 = 432, \ x_2 = 288, \ x_3 = 330 - \frac{1}{4} \times 432 - \frac{5}{8} \times 288 = 42, \ x_4 = 0, \ x_5 = 0$$

であり，この新基底解（端点③）においては $B = \{1, 3, 2\}$，$N = \{4, 5\}$ となったことが分かる．また，(2.15)式より目的関数の増分は $\Delta Z = \frac{11}{3} \times 288 = 1056$ と見込まれる．ここで，現基底解の端点②と新基底解③の基底変数のインデックス集合B，非基底変数のインデックス集合Nを比較してみると以下のようになっていることが分かる：

現許容基底解（端点②）： $B = \{1, 3, 4\}$，$N = \{2, 5\}$
新許容基底解（端点③）： $B = \{1, 3, 2\}$，$N = \{4, 5\}$

すなわち，端点②の基底変数 x_4 が端点③では非基底変数となり，端点②の非基底変数 x_2 が端点③の基底変数となっている．このことから，隣接する端点では，1対の基底変数と非基底変数の入れ換えが起きていることが分かる．

つぎに，新基底解である端点③の基底行列とその逆行列及び非基底行列は

$$\mathbf{B} = [\mathbf{A}_{*1}, \mathbf{A}_{*3}, \mathbf{A}_{*2}] = \begin{bmatrix} \frac{1}{4} & 1 & \frac{5}{8} \\ \frac{3}{8} & 0 & \frac{1}{2} \\ \frac{3}{8} & 0 & \frac{1}{4} \end{bmatrix}, \ \mathbf{B}^{-1} = \begin{bmatrix} 0 & -2\frac{2}{3} & 5\frac{1}{3} \\ 1 & -1\frac{5}{6} & 1\frac{1}{6} \\ 0 & 4 & -4 \end{bmatrix}, \ \mathbf{N} = [\mathbf{A}_{*4}, \mathbf{A}_{*5}] = \begin{bmatrix} 0 & 0 \\ 1 & 0 \\ 0 & 1 \end{bmatrix}$$

となる．このとき，

---

[13] ある一つの非基底変数の値を増やすことにより，端点②の現基底変数の値も変化するが，それぞれの非負条件による制約から，非基底変数の増加上限値が決まる．後述するシンプレックス法との関連での詳細な解説は，例えば，Bazaraa et al (1990) 等を参照されたい．

第 2 章 線形計画モデル

$$\overline{\mathbf{x}}_B = \mathbf{B}^{-1}\mathbf{b} = \begin{pmatrix} 432 \\ 42 \\ 288 \end{pmatrix}, \quad \mathbf{w}^T \equiv \mathbf{c}_B^T \mathbf{B}^{-1} = (8,0,9)\begin{bmatrix} 0 & -2\frac{2}{3} & 5\frac{1}{3} \\ 1 & -1\frac{5}{6} & 1\frac{1}{6} \\ 0 & 4 & -4 \end{bmatrix} = \left(0, 14\frac{2}{3}, 6\frac{2}{3}\right)$$

であり，新許容基底解の目的関数値を Z_{NEW} と表すとき，

$$\mathbf{c}_B^T = (8,0,9), \quad Z_{NEW} = \mathbf{c}_B^T \mathbf{B}^{-1}\mathbf{b} = \left(0, 14\frac{2}{3}, 6\frac{2}{3}\right)\begin{pmatrix} 330 \\ 306 \\ 234 \end{pmatrix} = 6048$$

$$\mathbf{y}_4 \equiv \mathbf{B}^{-1}\mathbf{A}_{*4} = \begin{bmatrix} 0 & -2\frac{2}{3} & 5\frac{1}{3} \\ 1 & -1\frac{5}{6} & 1\frac{1}{6} \\ 0 & 4 & -4 \end{bmatrix}\begin{pmatrix} 0 \\ 1 \\ 0 \end{pmatrix} = \begin{pmatrix} -2\frac{2}{3} \\ -1\frac{5}{6} \\ 4 \end{pmatrix}, \quad \mathbf{y}_5 \equiv \mathbf{B}^{-1}\mathbf{A}_{*5} = \begin{bmatrix} 0 & -2\frac{2}{3} & 5\frac{1}{3} \\ 1 & -1\frac{5}{6} & 1\frac{1}{6} \\ 0 & 4 & -4 \end{bmatrix}\begin{pmatrix} 0 \\ 0 \\ 1 \end{pmatrix} = \begin{pmatrix} 5\frac{1}{3} \\ 1\frac{1}{6} \\ -4 \end{pmatrix}$$

となる．
また，(2.12)式より，

$$(z_4, z_5) = \mathbf{c}_B^T [\mathbf{y}_4, \mathbf{y}_5] = (8,0,9)\begin{bmatrix} -2\frac{2}{3} & 5\frac{1}{3} \\ -1\frac{5}{6} & 1\frac{1}{6} \\ 4 & -4 \end{bmatrix} = \left(14\frac{2}{3}, 6\frac{2}{3}\right)$$

が得られる．よって，この端点での(2.15)式は

$$Z_{NEW} = Z_{NEW} - \sum_{j \in N}(z_j - c_j)x_j = Z_{NEW} - \left(\left(14\frac{2}{3} - 0\right)x_4 + \left(6\frac{2}{3} - 0\right)x_5\right)$$

$$Z_{NEW} = Z_{NEW} - \left(14\frac{2}{3}x_4 + 6\frac{2}{3}x_5\right)$$

すなわち，$z_4 - c_4 = 14\frac{2}{3} > 0, z_5 - c_5 = 6\frac{2}{3} > 0$ であるので，何れの非基底変数 x_4，x_5 の値をゼロ値から増やしても目的関数値が増加することは見込まれない．したがって，新基底解③は最大な目的関値を与える最適な基底許容解

(optimal b.f.s.)であることが分かる.

一般的に,ある基底許容解(端点)が最適であることを判定する条件は

<最大化 LP の最適性判定条件(the test for LP optimality)>

基底許容解において,全ての非基底変数のインデックス $j \in N$ に対して,$z_j - c_j \geq 0$ が成り立つ

ことである.換言すれば,基底許容解の非基底変数のインデックス集合の中に,$z_j - c_j < 0$ となるインデックス $j \in N$ が存在するときには,その基底許容解は最適ではないので,より良い目的関数値を与える基底許容解を探索するために,その中から最小の $z_{\tilde{j}} - c_{\tilde{j}} < 0$ ($\tilde{j} \in N$)の値をもつ非基底変数 $x_{\tilde{j}}$ を増加させること[14]が,LP 最適解探索の基本的な考え方となる.

2.5 シンプレックス法の概説

ある基底許容解が LP 最適解であるか否かを判定する条件を明らかにしたが,最適解でない場合には,最小の $z_{\tilde{j}} - c_{\tilde{j}} < 0$ ($\tilde{j} \in N$)の値をもつ非基底変数 $x_{\tilde{j}}$ の値をどのくらい増加させることが可能であるかを以下にみていくことにする.(2.14)式によると,この非基底変数 $x_{\tilde{j}}$ 以外の値はゼロ値のままであることから,(2.14)式により,

$$x_{\tilde{j}} \mathbf{y}_{\tilde{j}} + \bar{\mathbf{x}}_B = \bar{\mathbf{b}}, \quad \bar{\mathbf{b}} = \mathbf{B}^{-1}\mathbf{b} \tag{2.16}$$

という関係が満たされる必要がある.ここで,上式において,各ベクトルを

$$\mathbf{y}_{\tilde{j}}^{\mathbf{T}} = \left(y_{1\tilde{j}}, y_{2\tilde{j}}, \cdots, y_{i\tilde{j}}, \cdots, y_{m\tilde{j}}\right), \quad \bar{\mathbf{x}}_B^{\mathbf{T}} = \left(x_{B_1}, x_{B_2}, \cdots, x_{B_i}, \cdots, x_{B_m}\right),$$

$$\bar{\mathbf{b}}^{\mathbf{T}} = \left(\bar{b}_1, \bar{b}_2, \cdots, \bar{b}_i, \cdots, \bar{b}_m\right)$$

と表すならば,(2.16)式において,$\bar{\mathbf{x}}_B \geq \mathbf{0}$ であることが必要であるから,

---

[14] この非基底変数の選択ルールは Dantzig's rule とも呼ばれる(Bazaraa *et al*(1990)参照のこと).

$$\begin{pmatrix} \overline{x}_{B_1} \\ \overline{x}_{B_2} \\ \vdots \\ \overline{x}_{B_i} \\ \vdots \\ \overline{x}_{B_{im}} \end{pmatrix} = \begin{pmatrix} \overline{b}_1 \\ \overline{b}_2 \\ \vdots \\ \overline{b}_i \\ \vdots \\ \overline{b}_m \end{pmatrix} - x_{\overline{j}} \begin{pmatrix} y_{1\overline{j}} \\ y_{2\overline{j}} \\ \vdots \\ y_{i\overline{j}} \\ \vdots \\ y_{m\overline{j}} \end{pmatrix} \geq \begin{pmatrix} 0 \\ 0 \\ \vdots \\ 0 \\ \vdots \\ 0 \end{pmatrix} \tag{2.17}$$

という関係を満たさねばならない．上式において，$\overline{x}_{B_i}$ はこの基底変数のインデックス集合 B における i 番目の要素に対応する基底変数の値を表すとする．関係式(2.17)が成り立つならば，すべての $i \in B$ に対して，

$$\overline{b}_i - x_{\overline{j}} y_{i\overline{j}} \geq 0$$

となることが必要である．ここで，$i \in B$ において $y_{i\overline{j}} \leq 0$ であれば，非基底変数 $x_{\overline{j}}$ の値をゼロ値から増やすことにより，$\overline{x}_{B_i} = \overline{b}_i + x_{\overline{j}}(-y_{i\overline{j}}) \geq \overline{b}_i$ ゆえ，x_{B_i} の値が減少することはなく，基底変数のままであり続ける．しかし，$i \in B$ において $y_{i\overline{j}} > 0$ の場合は，非基底変数 $x_{\overline{j}}$ の値を増加可能な上限値 $\dfrac{\overline{b}}{y_{i\overline{j}}} \geq x_{\overline{j}}$ が存在し，非基底変数 $x_{\overline{j}}$ の値をこの上限値とするときに x_{B_i} の値はゼロ値となり非基底変数となる．したがって，非基底変数 $x_{\overline{j}}$ の増加可能な上限値は，これらの上限値の最小値として決められる．その最小値が基底変数インデックス集合 B の第 r 番目の要素で得られるとき，その最小値 t^* を

$$t^* = \frac{\overline{b}_r}{y_{r\overline{j}}} = \underset{1 \leq i \leq m,\, y_{i\overline{j}} > 0}{\text{Minimum}} \left\{ \frac{\overline{b}_i}{y_{i\overline{j}}} \right\} \tag{2.18}$$

と表すとする．ここで，この基底許容解が退化[15] (degeneracy) していないとき

---

15) 詳細は省くが，退化している基底許容解は，基底変数の値がゼロ値をとる場合に当たり，そこでは，その基底許容解の表現が一通りにならない場合に該当する．具体的には，2 変数の LP モデルでは，その端点で 3 つ以上の制約条件式が等号で成り立つ場合などに発生し得る．退化した LP モデルは実際のモデル化で起こり得ないこととは言えないとされている．退化した LP モデルに係わるシンプレックス法の問題点の指摘の詳細については，Bazaraa et al (1990)，今野 (1987)，福島 (2011) 等を参照のこと．

には，$\bar{b}_r > 0$ であることから，$x_{\tilde{j}} = \bar{b}_r / y_{r\tilde{j}} = t^* > 0$ となる．本書で扱うLPモデルは退化が発生しないとして，シンプレックス法をながめていくことにする．

したがって，$x_{\tilde{j}} = \bar{b}_r / y_{r\tilde{j}} = t^* > 0$ として非基底変数の更新がされるときには，(2.17)式から，

$$\begin{pmatrix} \bar{x}_{B_1} \\ \bar{x}_{B_2} \\ \vdots \\ \bar{x}_{B_r} \\ \vdots \\ \bar{x}_{B_{lm}} \end{pmatrix} = \begin{pmatrix} \bar{b}_1 \\ \bar{b}_2 \\ \vdots \\ \bar{b}_r \\ \vdots \\ \bar{b}_m \end{pmatrix} - \frac{\bar{b}_r}{y_{r\tilde{j}}} \begin{pmatrix} y_{1\tilde{j}} \\ y_{2\tilde{j}} \\ \vdots \\ y_{r\tilde{j}} \\ \vdots \\ y_{m\tilde{j}} \end{pmatrix} \geq \begin{pmatrix} 0 \\ 0 \\ \vdots \\ 0 \\ \vdots \\ 0 \end{pmatrix}$$

すなわち，

$$\bar{x}_{B_i} = \bar{b}_i - \frac{\bar{b}_r}{y_{r\tilde{j}}} y_{i\tilde{j}} \quad (i = 1, 2, \cdots, m)$$

$$x_{\tilde{j}} = \frac{\bar{b}_r}{y_{r\tilde{j}}} = t^* \quad \tilde{j} \in N \tag{2.19}$$

ただし，増加される非基底変数 $x_{\tilde{j}}$ 以外のすべての非基底変数 x_j（$j \neq \tilde{j}, j \in N$）においては $x_j = 0$ である．また，(2.19)式より，$\bar{x}_{B_r} = \bar{b}_r - \frac{\bar{b}_r}{y_{r\tilde{j}}} y_{r\tilde{j}} = 0$ となることも分かる．

以下では，数値例により，これらの確認を行なうことにする．現基底許容解（端点②）においては $B = \{1, 3, 4\}$，$N = \{2, 5\}$ であり，すでに求めたように，

$$\begin{pmatrix} z_2 \\ z_5 \end{pmatrix} = \begin{pmatrix} \frac{16}{3} \\ \frac{64}{3} \end{pmatrix}, \quad \mathbf{c}_B = \begin{pmatrix} 8 \\ 0 \\ 0 \end{pmatrix}, \quad \mathbf{c}_N = \begin{pmatrix} 9 \\ 0 \end{pmatrix}, \quad \mathbf{y}_2 = \begin{pmatrix} \frac{2}{3} \\ \frac{11}{24} \\ \frac{1}{4} \end{pmatrix}, \quad \mathbf{y}_5 = \begin{pmatrix} \frac{8}{3} \\ -\frac{2}{3} \\ -1 \end{pmatrix}, \quad \bar{\mathbf{b}} = \begin{pmatrix} 624 \\ 174 \\ 72 \end{pmatrix}$$

であり，$z_2 - c_2 = \frac{16}{3} - 9 = -\frac{11}{3} < 0$, $z_5 - c_5 = \frac{64}{3}$ となるので，増加される非基底変数は x_2（つまり，$\tilde{j} = 2$）である．よって，(2.18)式から，

$$t^* = \frac{\overline{b}_r}{y_{r\tilde{j}}} = \underset{1 \leq i \leq m,\, y_{i\tilde{j}} > 0}{\text{Minimum}}\left\{\frac{\overline{b}_i}{y_{i\tilde{j}}}\right\} = \text{Minimum}\left\{\frac{624}{\frac{2}{3}}, \frac{174}{\frac{11}{24}}, \frac{72}{\frac{1}{4}}\right\}$$

$$= \text{Minimum}\left\{936, 379\frac{7}{11}, 288\right\} = 288$$

$x_2 = t^* = 288$ となる．また，最小値は3番目の数値となることから，$r = 3$ であることを意味する．したがって，(2.19)から，$x_4 = \overline{x}_{B_3} = \overline{b}_3 - \frac{\overline{b}_3}{y_{32}} y_{32} = 0$ となり，現基底変数 x_4 は，新基底許容解においては非基底変数になる．すなわち，基底変数 x_4 と非基底変数 x_2 の入れ換えがおきる．結果として，新基底許容解においては $B = \{1, 3, 2\}$，$N = \{4, 5\}$ となることが分かった．

シンプレックス法はLPモデルの汎用最適化アルゴリズムの一つであるので，以下にアルゴリズムの概要をみていくことにする．制約条件式群により規定される許容解の集合の与えられ方によって，理論的には，シンプレックス法は以下の3通りの場合のいずれか1つの状態で終了することが示されている（例えば，Bazaraa *et al*(1990)等参照のこと）：

(1) 許容集合は空集合（infeasible）であり，許容解は存在しないことを示して終了する．

(2) 許容集合が有界でなく（unbounded），有限でない最適解の存在を示し終了する．

(3) 許容集合が有界であり，有限な最適解（finite optimal solution）である基底許容解及び最適値を与えて終了する．

LPモデルを構築してその最適解を探索する場合，上記(1)及び(2)の場合が起きることはそのモデル化が適切に行われていないことを示しているとみなせることから，通常は(3)の場合で終了することが想定される．前述のとおり，$i \in B$ において $y_{ij} \leq 0$ であれば，非基底変数 x_j の値をゼロ値から増やすこ

とにより x_{B_i} の値が減少することはなく，基底変数のままであり続ける．したがって，すべての $i \in B$ に対して $y_{ij} \leq 0$ であれば，各基底変数の値は際限なく増やせることを意味するので，これにより，有限でない最適解の存在（前掲(2)の場合）が判定される．また，シンプレックス法を開始するときに必要となる最初の基底許容解を探す手順 [16] が必要となることから，この手順を実行することにより，上記(1)の場合の判定がされる．

シンプレックス法による最適解探索手順の概要は以下の通りである：

(Step 0)：（初期化ステップ）
　　　初期基底許容解を与える基底行列 $\mathbf{B}$ を選び，基底変数のインデックス集合 B 及び非基底変数のインデックス集合 N を定義する．許容解が存在しない場合は終了する．

(Step 1)：基底許容解 $\mathbf{x}_B = \mathbf{B}^{-1}\mathbf{b} = \bar{\mathbf{b}}$ ，$\mathbf{x}_N = \mathbf{0}$ 及び目的関数値 $Z = \mathbf{c}_B^{\mathrm{T}} \mathbf{x}_B$ を定義する．

(Step 2)：シンプレックス乗数 $\mathbf{w}^{\mathrm{T}} \equiv \mathbf{c}_B^{\mathrm{T}} \mathbf{B}^{-1}$ ，$z_j = \mathbf{w}^{\mathrm{T}} \mathbf{A}_{*j}$ 及び $j \in N$ に対して， $z_j - c_j$ を計算し，その最小値 $z_{\bar{j}} - c_{\bar{j}} = \underset{j \in N}{Minimum}\{z_j - c_j\}$ を求める．

(Step 3)：（最適性の判定）
　　　（A）$z_{\bar{j}} - c_{\bar{j}} \geq 0$ であるなら，最適な基底許容解が得られているので終了する．
　　　（B）$z_{\bar{j}} - c_{\bar{j}} < 0$ であるなら，非基底変数 $x_{\bar{j}}$ を選ぶ．

(Step 4)：選ばれた非基底変数に対して $\mathbf{y}_{\bar{j}} = \mathbf{B}^{-1} \mathbf{A}_{*\bar{j}}$ を計算する．
　　　（A）（有界でない場合の判定）$\mathbf{y}_{\bar{j}} \leq \mathbf{0}$ ならば，有限でない最適解が存在するので終了する．
　　　（B）ベクトル $\mathbf{y}_{\bar{j}}$ の要素に正値をとるものがあれば(Step5)に進む．

(Step 5)：$t^* = \dfrac{\bar{b}_r}{y_{r\bar{j}}} = \underset{1 \leq i \leq m, y_{i\bar{j}} > 0}{Minimum}\left\{\dfrac{\bar{b}_i}{y_{i\bar{j}}}\right\}$ により，非基底変数 $x_{\bar{j}}$ と基底変数 x_{B_r} の入れ換えを行なう．ここで，B_r は基底変数のインデックス集合 B の r 番目の要素を表すものとする．この基底変数の入れ換えに伴い，基底

---

[16] 後述するが，2段階法（two phase method）などにより初期許容基底解が得られる．

行列 $\mathbf{B}$ の第 r 列を $\mathbf{A}_{*j}$ と入れ換えることにより更新する．(Step1) に戻る．

ここで，シンプレックス法による最適解探索の手順を，以下の 2 変数 LP モデルによりながめることにする．

【LP 問題数値例 2】：

最大化　　$Z = 3x_1 + 2x_2$
制約条件：
$$2x_1 + 3x_2 \leq 12 \quad \cdots\cdots \quad (1)$$
$$2x_1 + x_2 \leq 6 \quad \cdots\cdots \quad (2)$$
$$x_1, x_2 \geq 0$$

ここで，この数値例の許容領域は(図 2.4)で示される：

つぎに，制約条件式(1)，(2)にスラック変数 x_3, x_4 を導入すると，以下の標準形 LP モデルが得られる：

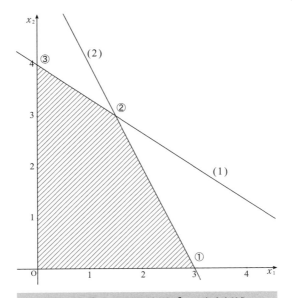

図 2.4：【LP 問題数値例 2】の許容領域

【LP 問題数値例 2 の標準形表現】

最大化 $Z = 3x_1 + 2x_2$
制約条件：
$$2x_1 + 3x_2 + x_3 \quad\quad = 12 \quad \cdots\cdots \quad (1)$$
$$2x_1 + \ x_2 + \quad + x_4 = 6 \quad \cdots\cdots \quad (2)$$
$$x_1, x_2, x_3, x_4 \geq 0$$

（なお，以下の各ステップにおける (2×2) 基底逆行列 $\mathbf{B}^{-1}$ の求め方については，本節末尾の [補足 2.1] を必要に応じて参照されたい.）

<初期化>

(Step 0)：初期基底許容解として，$x_1 = 0, x_2 = 0$ すなわち（図 2.4）での原点 O を選ぶとする．このとき，基底変数は x_3, x_4 となるので，基底変数のインデックス集合は $B = \{3, 4\}$ 及び非基底変数のインデックス集合は $N = \{1, 2\}$ とすると，

$$\mathbf{B} = [\mathbf{A}_{*3}, \mathbf{A}_{*4}] = \begin{bmatrix} 1 & 0 \\ 0 & 1 \end{bmatrix}, \quad \mathbf{N} = [\mathbf{A}_{*1}, \mathbf{A}_{*2}] = \begin{bmatrix} 2 & 3 \\ 2 & 1 \end{bmatrix}, \quad \mathbf{B}^{-1} = \begin{bmatrix} 1 & 0 \\ 0 & 1 \end{bmatrix}, \quad \mathbf{b} = \begin{pmatrix} 12 \\ 6 \end{pmatrix}$$

$$\mathbf{x}_B{}^T = (x_3, x_4), \quad \mathbf{c}_B{}^T = (c_3, c_4) = (0, 0), \quad \mathbf{x}_N{}^T = (x_1, x_2), \quad \mathbf{c}_N{}^T = (c_1, c_2) = (3, 2)$$

が定義される．

<反復 1>

(Step 1)： $\mathbf{x}_B = \begin{pmatrix} x_3 \\ x_4 \end{pmatrix} = \mathbf{B}^{-1} \mathbf{b} = \begin{bmatrix} 1 & 0 \\ 0 & 1 \end{bmatrix} \begin{pmatrix} 12 \\ 6 \end{pmatrix} = \begin{pmatrix} 12 \\ 6 \end{pmatrix} = \bar{\mathbf{b}}, \quad \mathbf{x}_N = \begin{pmatrix} x_1 \\ x_2 \end{pmatrix} = \begin{pmatrix} 0 \\ 0 \end{pmatrix}$

$$Z = \mathbf{c}_B{}^T \mathbf{x}_B = (0, 0) \begin{pmatrix} 12 \\ 6 \end{pmatrix} = 0$$

(Step 2)： $\mathbf{w}^T = \mathbf{c}_B{}^T \mathbf{B}^{-1} = (0, 0) \begin{bmatrix} 1 & 0 \\ 0 & 1 \end{bmatrix} = (0, 0)$,

$$z_1 = \mathbf{w}^T \mathbf{A}_{*1} = (0, 0) \begin{pmatrix} 2 \\ 2 \end{pmatrix} = 0, \quad z_2 = (0, 0) \begin{pmatrix} 3 \\ 1 \end{pmatrix} = 0$$

$$z_1 - c_1 = 0 - 3 = -3,$$
$$z_2 - c_2 = 0 - 2 = -2,$$
$$z_1 - c_1 = \underset{j \in N}{Minimum}\{z_j - c_j\} = Minimum\{-3, -2\} = -3$$

すなわち，$\tilde{j} = 1$ となる．

(Step 3)： $z_{\tilde{j}} - c_{\tilde{j}} = z_1 - c_1 = -3 < 0$ であるから（B）の場合となり，最適解ではない．よって，非基底変数 x_1 を選ぶ．

(Step 4)： $\mathbf{y}_1 = \mathbf{B}^{-1}\mathbf{A}_{*1} = \begin{bmatrix} 1 & 0 \\ 0 & 1 \end{bmatrix}\begin{pmatrix} 2 \\ 2 \end{pmatrix} = \begin{pmatrix} 2 \\ 2 \end{pmatrix} > \mathbf{0}$ であるから，(Step 5) に進む．

(Step 5)： $t^* = \dfrac{\overline{b}_2}{y_{21}} = \underset{1 \leq i \leq 2,\, y_{i1} > 0}{Minimum}\left\{\dfrac{\overline{b}_i}{y_{i1}}\right\} = Minumum\left\{\dfrac{12}{2}, \dfrac{6}{2}\right\} = Minumum\{6, 3\} = 3, \quad r = 2$

つまり，$B_2 = 4$ であるから，非基底変数 $x_{\tilde{j}} = x_1$ と基底変数 $x_{B_r} = x_4$ の入れ換えを行なう．したがって，$B = \{3, 1\}$ 及び $N = \{4, 2\}$ のインデックス集合の更新を行い，基底行列 $\mathbf{B}$ と基底逆行列 $\mathbf{B}^{-1}$ 及び非基底行列 $\mathbf{N}$ の更新を行なう．

$$\mathbf{B} = [\mathbf{A}_{*3}, \mathbf{A}_{*1}] = \begin{bmatrix} 1 & 2 \\ 0 & 2 \end{bmatrix}, \quad \mathbf{N} = [\mathbf{A}_{*4}, \mathbf{A}_{*2}] = \begin{bmatrix} 0 & 3 \\ 1 & 1 \end{bmatrix}, \quad \mathbf{B}^{-1} = \frac{1}{2}\begin{bmatrix} 2 & -2 \\ 0 & 1 \end{bmatrix} = \begin{bmatrix} 1 & -1 \\ 0 & \frac{1}{2} \end{bmatrix}$$

(Step 1)に戻る．

<反復 2 >

(Step 1)[17]： $\mathbf{x}_B = \begin{pmatrix} x_3 \\ x_1 \end{pmatrix} = \mathbf{B}^{-1}\mathbf{b} = \begin{bmatrix} 1 & -1 \\ 0 & \frac{1}{2} \end{bmatrix}\begin{pmatrix} 12 \\ 6 \end{pmatrix} = \begin{pmatrix} 6 \\ 3 \end{pmatrix} = \overline{\mathbf{b}}, \quad \mathbf{x}_N = \begin{pmatrix} x_4 \\ x_2 \end{pmatrix} = \begin{pmatrix} 0 \\ 0 \end{pmatrix}$

$$Z = \mathbf{c}_B^{\mathbf{T}}\mathbf{x}_B = (0, 3)\begin{pmatrix} 6 \\ 3 \end{pmatrix} = 9$$

---

17) (Step 1)における(2×2)基底行列の逆行列は，本節末の[補足 2.1] (2.20) 式を参照し求められる．

(Step 2): $\mathbf{w}^T = \mathbf{c}_B^T \mathbf{B}^{-1} = (0, 2)\begin{bmatrix} 1 & -1 \\ 0 & \frac{1}{2} \end{bmatrix} = (0, 1)$,

$$z_4 = \mathbf{w}^T \mathbf{A}_{*4} = (0,1)\begin{pmatrix} 0 \\ 1 \end{pmatrix} = 1, \quad z_2 = (0,1)\begin{pmatrix} 3 \\ 1 \end{pmatrix} = 1$$

$z_4 - c_4 = 1 - 0 = 1,$
$z_2 - c_2 = 1 - 2 = -1,$
$z_{\tilde{j}} - c_{\tilde{j}} = \underset{j \in N}{Minimum}\{z_j - c_j\} = Minimum\{1, -1\} = -1$

すなわち，$\tilde{j} = 2$ となる．

(Step 3): $z_{\tilde{j}} - c_{\tilde{j}} = z_2 - c_2 = -1 < 0$ であるから，(B) の場合となり，最適解ではない．よって，非基底変数 x_2 を選ぶ．

(Step 4): $\mathbf{y}_2 = \mathbf{B}^{-1}\mathbf{A}_{*2} = \begin{bmatrix} 1 & -1 \\ 0 & \frac{1}{2} \end{bmatrix}\begin{pmatrix} 3 \\ 1 \end{pmatrix} = \begin{pmatrix} 2 \\ \frac{1}{2} \end{pmatrix} > \mathbf{0}$ であるから，(Step5) に進む．

(Step 5): $t^* = \dfrac{\overline{b}_2}{y_{21}} = \underset{1 \le i \le 2, y_{i2} > 0}{Minimum}\left\{\dfrac{\overline{b}_i}{y_{i2}}\right\} = Minumum\left\{\dfrac{6}{2}, \dfrac{3}{\frac{1}{2}}\right\} = Minumum\{3, 6\} = 3, \quad r = 1$

つまり，$B_1 = 3$ であるから，非基底変数 $x_{\tilde{j}} = x_2$ と基底変数 $x_{B_1} = x_3$ の入れ換えを行なう．したがって，$B = \{2, 1\}$ 及び $N = \{4, 3\}$ のインデックス集合の更新を行い，基底行列 $\mathbf{B}$ と基底逆行列 $\mathbf{B}^{-1}$ 及び非基底行列 $\mathbf{N}$ の更新を行なう．

$$\mathbf{B} = [\mathbf{A}_{*2}, \mathbf{A}_{*1}] = \begin{bmatrix} 3 & 2 \\ 1 & 2 \end{bmatrix}, \quad \mathbf{N} = [\mathbf{A}_{*4}, \mathbf{A}_{*3}] = \begin{bmatrix} 0 & 1 \\ 1 & 0 \end{bmatrix}, \quad \mathbf{B}^{-1} = \frac{1}{4}\begin{bmatrix} 2 & -2 \\ -1 & 3 \end{bmatrix} = \begin{bmatrix} \frac{1}{2} & -\frac{1}{2} \\ -\frac{1}{4} & \frac{3}{4} \end{bmatrix}$$

(Step 1) に戻る．

＜反復3＞

(Step 1): $\mathbf{x}_B = \begin{pmatrix} x_2 \\ x_1 \end{pmatrix} = \mathbf{B}^{-1}\mathbf{b} = \begin{bmatrix} \frac{1}{2} & -\frac{1}{2} \\ -\frac{1}{4} & \frac{3}{4} \end{bmatrix}\begin{pmatrix} 12 \\ 6 \end{pmatrix} = \begin{pmatrix} 3 \\ \frac{3}{2} \end{pmatrix} = \overline{\mathbf{b}}, \quad \mathbf{x}_N = \begin{pmatrix} x_4 \\ x_3 \end{pmatrix} = \begin{pmatrix} 0 \\ 0 \end{pmatrix}$

$$Z = \mathbf{c}_B{}^T \mathbf{x}_B = (2, 3) \begin{pmatrix} 3 \\ \frac{3}{2} \end{pmatrix} = 10\frac{1}{2}$$

(Step 2): $\mathbf{w}^T = \mathbf{c}_B{}^T \mathbf{B}^{-1} = (2, 3) \begin{bmatrix} \frac{1}{2} & -\frac{1}{2} \\ -\frac{1}{4} & \frac{3}{4} \end{bmatrix} = \left(\frac{1}{4}, \frac{5}{4}\right),$

$$z_4 = \mathbf{w}^T \mathbf{A}_{*4} = \left(\frac{1}{4}, \frac{5}{4}\right) \begin{pmatrix} 0 \\ 1 \end{pmatrix} = \frac{5}{4}, \quad z_3 = \left(\frac{1}{4}, \frac{5}{4}\right) \begin{pmatrix} 1 \\ 0 \end{pmatrix} = \frac{1}{4}$$

$$z_4 - c_4 = \frac{5}{4} - 0 = \frac{5}{4},$$

$$z_3 - c_3 = \frac{1}{4} - 0 = \frac{1}{4},$$

$$z_3 - c_3 = \underset{j \in N}{Minimum}\{z_j - c_j\} = Minimum\left\{\frac{5}{4}, \frac{1}{4}\right\} = \frac{1}{4} > 0$$

(Step 3): 全ての $j \in N$ に対して, $z_j - c_j > 0$ となるので, (A) の場合となり, 最適解が得られたので終了する.

[補足 2.1] (2 × 2) 行列の逆行列について[18]

(n × n)正方行列 $\mathbf{A} = \|a_{ij}\|$ の行列式の値は det $\mathbf{A}$ で表される. このとき, 行列 $\mathbf{A}$ の第 i 行と第 j 列を削除して得られる (n − 1) × (n − 1) 行列の行列式の値に $(-1)^{i+j}$ を乗じた値, A_{ij} は行列 $\mathbf{A}$ の要素 a_{ij} の余因子 (cofactor) と呼ばれる. ここで, (2 × 2)行列 $\mathbf{A} = \|a_{ij}\|$ を

$$\mathbf{A} = \|a_{ij}\| = \begin{bmatrix} a_{11} & a_{12} \\ a_{21} & a_{22} \end{bmatrix}$$

と表すなら, det $\mathbf{A} \equiv a_{11}a_{22} - a_{12}a_{21}$ で定義される. 要素 a_{11} の余因子 A_{11} は第1行と第1列を削除すると残りの(1 × 1)行列は要素 a_{22} からなり, その行列式の値はその要素の値となるので, $A_{11} = (-1)^{1+1} a_{22} = a_{22}$ となる. 同様に, $A_{12} = (-1)^{1+2} a_{21} = -a_{21}$, $A_{21} = (-1)^{2+1} a_{12} = -a_{12}$, $A_{22} = (-1)^{2+2} a_{11} = a_{11}$ であるので, 余因子を要素にもつ行列 $\mathbf{C}$ を

---

[18] この補足に係わるより一般的な記述は, 標準的な線形代数の教科書等を参照されたい.

$$\mathbf{C} = \begin{bmatrix} A_{11} & A_{12} \\ A_{21} & A_{22} \end{bmatrix}$$

と表すと，$\det \mathbf{A} \neq 0$ ならば

$$\mathbf{A}^{-1} = \frac{1}{\det \mathbf{A}} \mathbf{C}^{\mathrm{T}} = \frac{1}{\det \mathbf{A}} \begin{bmatrix} A_{11} & A_{21} \\ A_{12} & A_{22} \end{bmatrix} = \frac{1}{a_{11}a_{22} - a_{12}a_{21}} \begin{bmatrix} a_{22} & -a_{12} \\ -a_{21} & a_{11} \end{bmatrix} \quad (2.20)$$

となる．

2.6 表形式によるシンプレックス法の適用 —— シンプレックス表

LPモデルの解をシンプレックス法により求めるには，ある基底許容解が与えられたとき，その解が最適解であるかどうかを（前節で紹介した）LP最適性判定条件により判定する．その解が最適でないときには，より良い目的関数値を与える基底許容解が存在するので，その非基底変数の中から一つを選び，（ある一つの基底変数の値がゼロ値なるまで）その値を増加させる（つまり，その非基底変数は基底変数となる）ことにより，次の基底許容解を求めることが分かった．すなわち，ある基底許容解が最適解でない場合は，増加されるべく選ばれた非基底変数と現在の基底変数の一つとの入れ替えによって，次の基底許容解を定義する新しい基底変数は定義されることになる．この手順は最適解が得られるまで反復的に適用される．このように，シンプレックス法は，所与の基底許容解を定義する基底変数についてその基底許容解を求める（つまり，制約条件式を満たす1次の連立方程式を解く）ことにより，より良い基底許容解を反復的に探索し，（非退化の仮定の下では有限回[19]の反復により）最適な基底許容解に到達できる方法とみなされる．

LP基底許容解の最適性判定に用いられる z_j は，(2.12) 式のように，非基底変数のインデックス集合Nの要素 $j \in N$ に対して $z_j \equiv \mathbf{c}_B^{\mathrm{T}} \mathbf{B}^{-1} \mathbf{A}_{*j}$ として定義されたが，基底変数のインデックス集合 $B = \{B_1, B_2, \cdots B_m\}$ の要素 $B_i \ (i = 1, 2, \cdots, m)$ においても，$z_{B_i} \equiv \mathbf{c}_B^{\mathrm{T}} \mathbf{B}^{-1} \mathbf{A}_{*B_i}$ として定義される．基底行

---

[19] 非退化LP問題におけるシンプレックス法の有限収束性については，Bazaraa et al (1990) 等を参照されたい．

列の定義から，任意の基底変数のインデックス集合 B に対して，基底行列は $\mathbf{B} = \begin{bmatrix} \mathbf{A}_{*B_1}, \mathbf{A}_{*B_2}, \cdots, \mathbf{A}_{*B_m} \end{bmatrix}$ と表されるので，$\mathbf{B}^{-1}\mathbf{A}_{*B_i} = \mathbf{e}_i$ となる．ここで，ベクトル $\mathbf{e}_i$ は第 i 番目の要素だけが 1 であるが，他の要素はすべて 0 である単位ベクトル (unit vector) を表すものとする．よって，$z_{B_i} \equiv \mathbf{c}_B^{\mathsf{T}}\mathbf{B}^{-1}\mathbf{A}_{*B_i} = \mathbf{c}_B^{\mathsf{T}}\mathbf{e}_i = c_{B_i}$ すなわち，基底変数においては，

$$z_{B_i} - c_{B_i} = 0 \quad (i = 1, 2, \cdots, m) \tag{2.21}$$

となる．前節の数値例＜反復 1 ＞において，$B = \{3, 4\}$ すなわち $B_1 = 3, B_2 = 4$ であるので，

$$z_3 = (0, 0)\begin{bmatrix} 1 & 0 \\ 0 & 1 \end{bmatrix}\begin{pmatrix} 1 \\ 0 \end{pmatrix} = 0, \quad z_4 = (0, 0)\begin{bmatrix} 1 & 0 \\ 0 & 1 \end{bmatrix}\begin{pmatrix} 0 \\ 1 \end{pmatrix} = 0 \quad \therefore z_3 - c_3 = z_4 - c_4 = 0$$

である．同様に，＜反復 2 ＞においても，$B = \{3, 1\}$ すなわち $B_1 = 3, B_2 = 1$ であるので，

$$z_3 = (0, 3)\begin{bmatrix} 1 & -1 \\ 0 & \frac{1}{2} \end{bmatrix}\begin{pmatrix} 1 \\ 0 \end{pmatrix} = (0, 3)\begin{pmatrix} 1 \\ 0 \end{pmatrix} = 0, \quad z_1 = (0, 3)\begin{bmatrix} 1 & -1 \\ 0 & \frac{1}{2} \end{bmatrix}\begin{pmatrix} 2 \\ 2 \end{pmatrix} = (0, 3)\begin{pmatrix} 0 \\ 1 \end{pmatrix} = 3$$

$$\therefore \quad z_3 - c_3 = 0 - 0 = 0, \quad z_1 - c_1 = 3 - 3 = 0$$

すなわち，(2.21) 式が成り立つことが分かる．

また，基底許容解における目的関数の値を $\bar{Z}$ により表すと，(2.7) 式より

$$Z + \left(\mathbf{c}_B^{\mathsf{T}}\mathbf{B}^{-1}\mathbf{N} - \mathbf{c}_N^{\mathsf{T}}\right)\mathbf{x}_N = \mathbf{c}_B^{\mathsf{T}}\mathbf{B}^{-1}\mathbf{b} = \bar{Z}$$

すなわち，

$$Z + \sum_{j \in N}\left(z_j - c_j\right)x_j = \bar{Z}$$

であり，(2.21) 式により

$$Z + \sum_{i=1}^{m}\left(z_{B_i} - c_{B_i}\right)x_{B_i} + \sum_{j \in N}\left(z_j - c_j\right)x_j = \bar{Z} \tag{2.22}$$

と表せる．

ある基底許容解が最適でないときに，最適解の候補となり得る次の基底許容

解を求める表形式による処理の流れを【LP問題数値例2】に基づいて具体的にながめてみる．

【LP問題数値例2の標準形表現】(再掲)

最大化　　　$Z = 3x_1 + 2x_2$
制約条件：
$$2x_1 + 3x_2 + x_3 \quad\quad = 12 \quad \cdots\cdots (1)$$
$$2x_1 + \ x_2 + \ \ + x_4 = 6 \quad \cdots\cdots (2)$$
$$x_1, x_2, x_3, x_4 \geq 0$$

この標準形表現の制約条件式においては，前節のシンプレックス法の適用例の初期化段階において見たように，x_3, x_4 を基底変数として選び，x_1, x_2 を非基底変数として選ぶことにより，初期基底許容解 $x_1 = x_2 = 0, x_3 = 12, x_4 = 6, \overline{Z} = 0$ が得られた．

この目的関数も1次式であるので，(2.22)式の $z_j - c_j \quad (j = 1, 2, \cdots, n)$ の和として目的関数を下記の(0)式のように表すなら，

$$-3x_1 - 2x_2 + 0x_3 + 0x_4 = 0 \quad \cdots\cdots (0)$$
$$2x_1 + 3x_2 + 1x_3 + 0x_4 = 12 \quad \cdots\cdots (1)$$
$$\boxed{2}x_1 + \ x_2 + 0x_3 + 1x_4 = 6 \quad \cdots\cdots (2)$$
$$x_1, x_2, x_3, x_4 \geq 0$$

となる．前節の＜反復1＞でながめたように，非基底変数 x_1 を基底変数にすると目的関数値は増加が見込まれ，結果として制約条件式(2)で最小比値6が得られたことから，2番目のインデックス集合の2番目の要素をインデックス値としてもつ基底変数 x_4 が非基底変数となった．この選ばれた非基底変数の列位置(第1列)と，最小比値が得られた制約条件式の行番号(第2行)の交差位置にある制約条件式の係数値 a_{21} (=2)は，ピボット要素(pivot element)と呼ばれる．この場合のピボット要素は，□で囲まれ表示してある．上記の(0)～(2)の3つの等式に対して，以下のピボット操作を行なう：

● ピボット操作の概要

(1) ピボット要素の値でその制約条件式の両辺を割り算する(その結果，ピボット要素の値は1となる)：

この場合，ピボット要素の値は 2 なので，(2)式は

$$1x_1 + \frac{1}{2}x_2 + 0x_3 + \frac{1}{2}x_4 = 3$$

となる．

(2) 目的関数を表す等式（上記の(0)式）を含め，残りの各制約条件式に，(1)で得られた制約条件式の（− 1）×（各制約条件式の非基底変数の係数値）を両辺に加える：

この場合，(1)式は

$$2x_1 + 3x_2 + 1x_3 + 0x_4 + (-1) \times 2 \times (1x_1 + \frac{1}{2}x_2 + 0x_3 + \frac{1}{2}x_4) = 12 + (-1) \times 2 \times 3$$
$$\therefore \quad 0x_1 + 2x_2 + 1x_3 - 1x_4 = 6$$

となり，(0)式は

$$-3x_1 - 2x_2 + 0x_3 + 0x_4 + (-1) \times (-3) \times (1x_1 + \frac{1}{2}x_2 + 0x_3 + \frac{1}{2}x_4) = 0 + (-1) \times (-3) \times 3$$
$$\therefore \quad 0x_1 - \frac{1}{2}x_2 + 0x_3 + \frac{3}{2}x_4 = 9$$

シンプレックス表（Simplex Tableau）とは，各基底変数・非基底変数の組合せに対して，(2.22)式のように，$z_j - c_j$ $(j = 1, 2, \cdots, n)$ の和による目的関数の表現式と制約条件式の係数値を以下のように表形式で表したものをいう：

表 2.1：【LP 問題数値例 2】初期基底許容解のシンプレックス表

	x_1	x_2	x_3	x_4	RHS
z	-3	-2	0	0	0
x_3	2	3	1	0	12
x_4	②	1	0	1	6

（表 2.1）において，第 1 行は，目的関数の行を表し，$z_j - c_j$ $(j = 1, 2, \cdots, n)$ の値が各決定変数の列位置に表示されている．右端の列は，各基底変数表現に応じた目的関数の値及び各制約条件式の右辺値を表し，左端の見出しは目的変数と各制約条件式における基底変数が示されている．また，ピボット要素は○印で囲まれた数値として表示されている．

以下同様に，ピボット操作を行って得られるシンプレックス表を以下に示す．

表2.2：＜反復1＞終了時のシンプレックス表

	x_1	x_2	x_3	x_4	RHS
z	0	-1/2	0	1 1/2	9
x_3	0	②	1	-1	6
x_1	1	1/2	0	1/2	3

表2.3：＜反復2＞終了時の最適シンプレックス表

	x_1	x_2	x_3	x_4	RHS
z	0	0	1/4	1 1/4	10 1/2
x_2	0	1	1/2	-1/2	3
x_1	1	0	-1/4	3/4	1 1/2

この数値例のように，初期シンプレックス表に単位行列があるときには，シンプレックス法の各反復における基底逆行列はその部分の係数値により判別される[20]．（表2.1）〜（表2.3）において，各基底行列に対する基底逆行列を表す部分は ⌐ ¬ により囲み表示されている．

2.7　2段階法による初期基底許容解の探索

シンプレックス法においては，そのLPモデルに解が存在するならば，初期基底許容解を手始めに，最適解の探索が開始できる．今まで扱ったLPモデルにおいては，自明な初期基底許容解が得られる場合を数値例で取り上げていた．自明な初期基底許容解とは，そのLPモデルの標準形表現において，単位行列が制約条件式の係数行列の中にある場合であり，LPモデルの各制約条件式が $\text{LHS}_i \leqq \text{RHS}_i$ （ただし，$\text{RHS}_i \geqq 0$）の不等式であるときに，スラック変数 x_s を導入すれば，$\text{LHS}_i + x_s = \text{RHS}_i$ としてそれぞれの制約条件式が等式化され，スラック変数を初期基底変数と選べば，その基底行列 $\mathbf{B}$ は単位行列 $\mathbf{I_m}$ となることが分かった．

---

[20] この詳細について，本書では省略するが，例えば，Bazaraa *et al* (1990)等を参照されたい．

自明な初期基底許容解が得られない場合の一つとして，LPモデル制約条件式に $\mathrm{LHS}_i \geqq \mathrm{RHS}_i$ (ただし，$\mathrm{RHS}_i \geqq 0$) の不等式がある場合があげられる．この場合は，2.3節でみたように，$\mathrm{LHS}_i - x_s = \mathrm{RHS}_i$ として等式化することになり，このスラック変数の係数は-1であるので，単位行列の一部には利用できない (つまり，自明な基底変数の一つとしては利用できない)．そこで，人為変数（artificial variable）と呼ばれる変数 $x_a \geq 0$ を新たに導入することで，この形の制約条件式は $\mathrm{LHS}_i - x_s + x_a = \mathrm{RHS}_i$ と表される．この人為変数は係数が$+1$ゆえ，初期基底許容解を得る段階における基底変数の一つとして利用することが可能となる．もちろん，この人為変数は標準形LPの正式な変数ではないので，初期基底許容解が得られた時点では $x_a = 0$ となるはずである．この意味から，初期基底許容解を得る段階，つまりシンプレックス法の初期化ステップを実施する第1段階（Phase I）では，下記のような人為変数についてのLPを別途解くことになる：

一般的に，ある標準形LP

最大化 $\quad\quad Z = \mathbf{c}^\mathrm{T} \mathbf{x}$
制約条件：
$$\mathbf{A}\mathbf{x} = \mathbf{b}$$
$$\mathbf{x} \geq \mathbf{0}$$

に対して，初期基底許容解を得るために，人為変数 $\mathbf{x_a}^\mathrm{T} = (x_{a_1}, x_{a_2}, \cdots, x_{a_m})$ を導入した 第1段階（Phase I）LP が以下のように定義される：

最小化 $\quad \mathbf{e}^\mathrm{T}\mathbf{x_a}$ $\quad\quad\quad$ 最小化 $\quad \sum_{i=1}^{m} x_{a_i}$
制約条件： $\quad\quad\quad\Leftrightarrow\quad$ 制約条件：
$\quad\quad \mathbf{A}\mathbf{x} + \mathbf{x_a} = \mathbf{b} \quad\quad\quad \sum_{j=1}^{n} a_{ij} x_j + x_{a_i} = b_i \quad (i = 1, 2, \cdots, m)$
$\quad\quad \mathbf{x}, \mathbf{x_a} \geq \mathbf{0} \quad\quad\quad\quad x_j \geq 0, x_{a_i} \geq 0 \quad (j = 1, 2, \cdots, n), \ (i = 1, 2, \cdots, m)$

ここで，$\mathbf{e}^\mathrm{T} \equiv (1, 1, \cdots, 1)$ である．この定式化においては，標準形表現の各制約条件式に1つずつ人為変数を導入した場合を示しているが，後述の数値例におけるように，$+1$の係数値をもつスラック変数の制約条件式では，必ずしもその限りではない．

ここでは，シンプレックス法の数値例【LP問題数値例2】において，さらに2つの追加制約条件を考慮した【LP問題数値例3】により，自明な初期基底許容解が得られないLPモデルに対して，第1段階(Phase I)モデルを解くことにする．

【LP問題数値例3】：

最大化　　　$Z = 3x_1 + 2x_2$
制約条件：
$$2x_1 + 3x_2 \leq 12 \quad \cdots\cdots \quad (1)$$
$$2x_1 + x_2 \leq 6 \quad \cdots\cdots \quad (2)$$
$$x_1 + x_2 \geq 2 \quad \cdots\cdots \quad (3)$$
$$x_2 \geq 1 \quad \cdots\cdots \quad (4)$$
$$x_1, x_2 \geq 0$$

この問題は【LPモデル数値例2】に(3)及び(4)の2つの制約条件を追加したものである．この問題の許容領域は(図2.5)の斜線表示部分として表される．

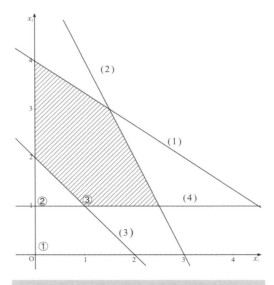

図2.5：【LP問題数値例3】の許容領域

その標準形 LP は

【LP 問題数値例 3 の標準形表現】：

最小化　　　$Z = 3x_1 + 2x_2$

制約条件：

$$\begin{aligned} 2x_1 + 3x_2 + x_3 &= 12 \quad \cdots\cdots \ (1) \\ 2x_1 + x_2 \quad\quad + x_4 &= 6 \quad \cdots\cdots \ (2) \\ x_1 + x_2 \quad\quad\quad - x_5 &= 2 \quad \cdots\cdots \ (3) \\ x_2 \quad\quad\quad\quad - x_6 &= 1 \quad \cdots\cdots \ (4) \\ x_1, x_2, x_3, x_4, x_5, x_6 &\geq 0 \end{aligned}$$

となる．この (図 2.5) より，自明な初期基底許容解である原点は許容解ではないので，(3), (4) 式については，人為変数 $x_{a_3} \equiv x_7, x_{a_4} \equiv x_8$ として新たに 2 つの人為変数 x_7, x_8 を導入すると，(Phase I)LP が得られる：

【LP 問題数値例 3 の (Phase I) LP 問題】：

最小化　　　$x_7 + x_8$

制約条件：

$$\begin{aligned} 2x_1 + 3x_2 + x_3 \quad\quad\quad\quad\quad\quad\quad &= 12 \quad \cdots\cdots \ (1) \\ 2x_1 + x_2 \quad\quad + x_4 \quad\quad\quad\quad\quad &= 6 \quad \cdots\cdots \ (2) \\ x_1 + x_2 \quad\quad\quad - x_5 \quad\quad + x_7 \quad &= 2 \quad \cdots\cdots \ (3) \\ x_2 \quad\quad\quad\quad - x_6 + x_8 &= 1 \quad \cdots\cdots \ (4) \\ x_1, x_2, x_3, x_4, x_5, x_6, x_7, x_8 &\geq 0 \end{aligned}$$

この (Phase I) LP 問題では，自明な初期許容基底解は x_3, x_4, x_7, x_8 を基底変数とすればよい．ここでは，x_3, x_4 は LP 標準形のスラック変数である．目的関数は最小化であるので，目的関数は，最大化　$-x_7 - x_8$ となる．

表 2.4：(Phase I) LP 問題初期シンプレックス表（予備）

	x_1	x_2	x_3	x_4	x_5	x_6	x_7	x_8	RHS
z	0	0	0	0	0	0	1	1	0
x_3	2	3	1	0	0	0	0	0	12
x_4	2	1	0	1	0	0	0	0	6
x_7	1	1	0	0	-1	0	1	0	2
x_8	0	1	0	0	0	-1	0	1	1

上表において，基底変数 x_7, x_8 については，$z_7 - c_7 = 1$ 及び $z_8 - c_8 = 1$ であ

り，これらの値をゼロ値にするため，上表の第4行目及び第5行目の−1倍を第1行目に加えると，(表2.5)のようになる[21]．

表2.5：(Phase I) LP 問題初期シンプレックス表

	x_1	x_2	x_3	x_4	x_5	x_6	x_7	x_8	RHS
z	-1	-2	0	0	1	1	0	0	-3
x_3	2	3	1	0	0	0	0	0	12
x_4	2	1	0	1	0	0	0	0	6
x_7	1	1	0	0	-1	0	1	0	2
x_8	0	①	0	0	0	-1	0	1	1

以下同様に，ピボット操作を続けると(表2.7)の最適解に到達することが分かる．

表2.6：(Phase I) LP 問題のシンプレックス表#1

	x_1	x_2	x_3	x_4	x_5	x_6	x_7	x_8	RHS
z	-1	0	0	0	1	-1	0	2	-1
x_3	2	0	1	0	0	3	0	-3	9
x_4	2	0	0	1	0	1	0	-1	5
x_7	①	0	0	0	-1	1	1	-1	1
x_2	0	1	0	0	0	-1	0	1	1

表2.7：(Phase I) LP 問題の最適シンプレックス表#2

	x_1	x_2	x_3	x_4	x_5	x_6	x_7	x_8	RHS
z	0	0	0	0	0	0	1	1	0
x_3	0	0	1	0	2	1	-2	-1	7
x_4	0	0	0	1	2	-1	-2	1	3
x_1	1	0	0	0	-1	1	1	-1	1
x_2	0	1	0	0	0	-1	0	1	1

この数値例では，(図2.5)における①⇒②⇒③の順序で，(Phase I) LP 問題の最適解の探索が行われ，その最適解 $x_1=1, x_2=1$ が元の LP 問題の初期基

---

[21] 実際に，$B=\{3,4,7,8\}, \mathbf{c}_B^{\mathbf{T}}=(0,0,-1,-1)$ であるので，$z_1-c_1=-1-0=-1, z_2-c_2=-2-0=-2$ であることは確認できる．

底許容解として得られたことが分かる．この第1段階が終了に伴い初期基底許容解が得られたなら，人為変数は破棄され，第2段階（Phase Ⅱ）として通常のシンプレックス法の適用が始まり，元問題の最適解探索が開始される．以下に一連のシンプレックス表を示す：

表2.8：（Phase Ⅱ）LP問題のシンプレックス表 0（準備段階）

	x_1	x_2	x_3	x_4	x_5	x_6	RHS
z	-3	-2	0	0	0	0	0
x_3	0	0	1	0	2	1	7
x_4	0	0	0	1	2	-1	3
x_1	1	0	0	0	-1	1	1
x_2	0	1	0	0	0	-1	1

（表2.8）では，z行の数値は元のLP問題の $z_j - c_j$ $(j=1,2,\cdots,n)$ 値を示しているが，基底変数の $z_j - c_j$ 値は0である必要があるので，基底変数 x_1, x_2 について（表2.9）のようにピボット操作を先ず行なう必要がある．

表2.9：LP問題の（Phase Ⅱ）シンプレックス表#1

	x_1	x_2	x_3	x_4	x_5	x_6	RHS
z	0	0	0	0	-3	1	5
x_3	0	0	1	0	2	1	7
x_4	0	0	0	1	②	-1	3
x_1	1	0	0	0	-1	1	1
x_2	0	1	0	0	0	-1	1

表2.10：LP問題の（Phase Ⅱ）シンプレックス表#2

	x_1	x_2	x_3	x_4	x_5	x_6	RHS
z	0	0	0	1 1/2	0	- 1/2	9 1/2
x_3	0	0	1	-1	0	②	4
x_5	0	0	0	1/2	1	- 1/2	1 1/2
x_1	1	0	0	1/2	0	1/2	2 1/2
x_2	0	1	0	0	0	-1	1

表2.11：LP 問題の（Phase Ⅱ）最適シンプレックス表

	x_1	x_2	x_3	x_4	x_5	x_6	RHS
z	0	0	1/4	1 1/4	0	0	10 1/2
x_6	0	0	1/2	-1/2	0	1	2
x_5	0	0	1/4	1/4	1	0	2 1/2
x_1	1	0	-1/4	3/4	0	0	1 1/2
x_2	0	1	1/2	-1/2	0	0	3

この数値例では，人為変数は基底変数に（ゼロ値で）残っていない．すなわち（Phase I）LP 問題は退化していないが（表 2.7 参照），退化した（Phase I）LP 問題の取り扱い等の詳細については，例えば，Bazaraa et al（1990）等を参照されたい．また，（Phase I）LP 問題最適解の最適値が正値をとる場合は，前述のとおり，元の LP モデル自体には許容解が存在しないことを意味することから，既述のシンプレックス法手順の '(Step 0)：(初期化ステップ)' における許容解が存在しない場合の判定に（Phase I）を適用することができる．

本書では紹介していないが，シンプレックス手順の実施に必要となる情報をよりコンパクトに表現して解の探索手順を実施することが意図されている改訂シンプレックス法（the revised simplex method）がある．具体的には，基底逆行列，シンプレックス乗数と目的関数値，基底許容解を $(m+1) \times (m+1)$ サイズの配列として更新しつつ，つぎに基底変数として選ばれる非基底変数 x_k の $z_k - c_k$ 及び $\mathbf{y}_k$ を表す配列を利用しながら，シンプレックス手順を実行するプロセスであるといえる．このようにすることで，コンピュータの所要メモリ及び計算量の軽減が図られることになる．

2.8 LP の双対性

ある LP モデルに対しては，関連する LP モデルが数学的に定義される事実が知られている．つまり，ある LP モデルの対として定義される関連した LP モデルが存在するのである．このとき，対とみなされる LP モデルをとおして得られる知見をその LP モデルの解決に利用できることを意味する．この数学的事

実のもつ数理的意味合いの重要性は当然のことであるが，LP モデル解法アルゴリズムの展開など，実際的・応用的な側面における重要性も知られている．

LP モデルの制約条件式は LHS_i ($\leq$ or $\geq$) RHS_i（ただし，$\text{RHS}_i \geq 0$）の不等式により定義される場合が一般的であるといえる（つまり，資源の使用量 $\leq$ 上限値，あるいは，資源の使用量 $\geq$ 下限値 といった関係により与えられることが多い）．この形式で制約条件式が表される最大化 LP モデルは基準形 (canonical form)[22] LP 問題と呼ばれ，一般的に以下のように定義される：

P：
（主問題）

最大化 　　$Z = \mathbf{c}^T \mathbf{x}$
制約条件：
　　$\mathbf{A}\mathbf{x} \leq \mathbf{b}$
　　$\mathbf{x} \geq \mathbf{0}$

この定式化されている元の LP 問題は主問題（primal problem）と呼ばれる．基準形 LP 問題の対とみなされる LP 問題は双対問題（dual problem）と呼ばれ，その変数を $\mathbf{u}^T \equiv (u_1, u_2, \cdots, u_m)$ と表すとき，双対問題は以下のように定義される：

D：
（双対問題）

最小化 　　$W = \mathbf{u}^T \mathbf{b}$
制約条件：
　　$\mathbf{u}^T \mathbf{A} \geq \mathbf{c}^T$
　　$\mathbf{u} \geq \mathbf{0}$

主問題が基準形 LP の場合，形式的な対称性が認められ，双方の関連性は（表 2.12）のようになる：

表 2.12：対称型の LP 双対性

	主問題：P	双対問題：D
最適化の方向	最大化	最小化
制約条件式の不等号の向き	LHS $\leq$ RHS	LHS $\geq$ RHS
制約条件式の数	m	n（＝主問題の変数の数）
変数の数	n	m（＝主問題の制約条件式の数）
非負条件	要求される	要求される

---

[22] この用語は今野(1991), p.9 を参照のこと．

数値例として，前出の基準形 LP モデル（LP1）を主問題として取り上げて，その双対問題を示してみる．

【LP 問題数値例 1】 2 変数の LP モデル（LP1）：（再掲）

最大化　　　$Z = 8x_1 + 9x_2$

制約条件：

$$\frac{1}{4}x_1 + \frac{5}{8}x_2 \leq 330 \quad \cdots\cdots \quad (1)$$

$$\frac{3}{8}x_1 + \frac{1}{2}x_2 \leq 306 \quad \cdots\cdots \quad (2)$$

$$\frac{3}{8}x_1 + \frac{1}{4}x_2 \leq 234 \quad \cdots\cdots \quad (3)$$

$$x_1, x_2 \geq 0$$

この主問題に対する双対問題の変数は双対変数（dual variables）と呼ばれる．ここで，双対変数を $\mathbf{u}^\mathrm{T} = (u_1, u_2, u_3)$ と定義すると，双対問題は

最小化　　　$W = (u_1, u_2, u_3) \begin{pmatrix} 330 \\ 306 \\ 234 \end{pmatrix}$

制約条件：

$$(u_1, u_2, u_3) \begin{bmatrix} \frac{1}{4} & \frac{5}{8} \\ \frac{3}{8} & \frac{1}{2} \\ \frac{3}{8} & \frac{1}{4} \end{bmatrix} \geq (8 \quad 9)$$

$$(u_1, u_2, u_3) \geq (0, 0, 0)$$

すなわち，

最小化　　　$W = 330u_1 + 306u_2 + 234u_3$

制約条件：

$$\frac{1}{4}u_1 + \frac{3}{8}u_2 + \frac{3}{8}u_3 \geq 8 \quad \cdots\cdots \quad (1)$$

$$\frac{5}{8}u_1 + \frac{1}{2}u_2 + \frac{1}{4}u_3 \geq 9 \quad \cdots\cdots \quad (2)$$

$$u_1, u_2, u_3 \geq 0$$

と与えられる．この主・双対問題は対称型[23]のLP双対関係と呼ばれているが，LPモデルを解くには，LP主問題は標準形で与えられることから，ここでは，その双対問題を定義する：

＜標準形LPの主問題＞

P：
(主問題)　　　最大化　　　$Z = \mathbf{c}^T \mathbf{x}$
　　　　　　　制約条件：
　　　　　　　　　　　　$\mathbf{A}\mathbf{x} = \mathbf{b}$
　　　　　　　　　　　　$\mathbf{x} \geq \mathbf{0}$

この標準形LPの主問題に対して，その双対問題は以下のように定義される：

D：
(双対問題)　　最小化　　　$W = \mathbf{u}^T \mathbf{b}$
　　　　　　　制約条件：
　　　　　　　　　　　　$\mathbf{u}^T \mathbf{A} \geq \mathbf{c}^T$

主問題が標準形の場合は，双対変数の非負制約条件が必要とされないことが，対称型双対関係との相違点としてあげられる．対称型双対関係を適用すると，主問題が標準形LPで与えられる場合の上記双対問題を導出[24]することができ，逆に標準形LP主問題とその双対問題の双対性 (duality) からも，対称型双対性を導出する[25]ことが可能である．よって，何れかのLP双対性を定義すればよいことになる．

双対性についての基本的性質を以下に示す（証明略[26]）：

① 双対問題の双対問題は主問題である．
② (弱双対定理：weak duality) 主問題Pと双対問題Dの任意の許容解をそれぞれ $\mathbf{x}, \mathbf{u}$ とするとき，対称型LP双対関係によると $\mathbf{c}^T \mathbf{x} \leq \mathbf{u}^T \mathbf{A} \mathbf{x} \leq \mathbf{u}^T \mathbf{b}$ であるから，常に関係式

　　$\mathbf{c}^T \mathbf{x} \leq \mathbf{u}^T \mathbf{b}$

---

[23] この用語は刀根(1985)においても紹介されている．
[24] 等式制約 $\mathbf{A}\mathbf{x} = \mathbf{b}$ は2つの不等式制約 $\mathbf{A}\mathbf{x} \leq \mathbf{b}, -\mathbf{A}\mathbf{x} \leq -\mathbf{b}$ により置き換え，それぞれの双対変数を $\mathbf{v}^T, \mathbf{w}^T \geq \mathbf{0}^T$ とすると，双対変数 $\mathbf{u}^T \equiv \mathbf{v}^T - \mathbf{w}^T$ となり，対称型双対性により導出される．
[25] 例えば，福島(2011)などを参照されたい．
[26] 証明については，福島(2011)，Bazaraa et al (1990)等を参照されたい．

が成り立つ．ここで，最大化問題の最適解を $\mathbf{x}^*$ と表すと $\mathbf{c}^T\mathbf{x} \leq \mathbf{c}^T\mathbf{x}^* \leq \mathbf{u}^T\mathbf{b}$ であるから，

　　　最大化問題の最適値　≦　最小化問題の任意の許容解の目的値

であり，同様に，

　　　最小化問題の最適値　≧　最大化問題の任意の許容解の目的値

である．つまり，最小化双対 LP 問題の任意の許容解の目的値は，最大化主問題 LP 最適値の上限値 (upper bound) となり，同様に，最大化双対 LP 問題の任意の許容解の目的値は，最小化主問題 LP 最適値の下限値 (lower bound) となる．

③ 主問題とその双対問題において，一方の問題が有限でない (unbounded) 目的関数の値をとるならば，他方の問題は許容解をもたない (infeasible)．

以上の数学的事実から，一対の LP 主問題及びその双対問題が与えられたとき，両者の関係は下記 A) ～ C) の 3 通りの場合のうちの一つとなる：(証明は略す)

A) (双対定理) 双方の問題は有限な最適解を持ち，その最適値は等しい．すなわち，主問題最適値＝双対問題最適値となる．

B) 一方の問題が有限でない目的関数の値をとるならば，他方の問題は許容解をもたない (上述の③と同じ)．

C) 双方の問題ともに許容解をもたない．

LP 双対性を適用することで，所与の主問題 LP と密接に関連する双対問題 LP から得られる情報を用いることが可能になるので，多くの線形計画モデル (例えば，ネットワーク計画モデル) の解法において，双対性の適用例が知られている．本書では，第 3 章で紹介する包絡分析法 (DEA) における LP 双対性の適用について述べることにする．

第3章
多目的計画・分数計画モデル
― 線形計画モデルの拡張

　前章においては，数理計画モデルの基本として線形計画モデル及びその最適な意思決定代替案を探索するうえで標準的に利用されている解法の一つであるシンプレックス法をながめた．線形計画モデルの基本としては，モデルの線形性及び考慮される目的関数は単一であることが想定されている．本章では，前章でとりあげた線形計画モデルの拡張として，複数の目的関数を考慮する場合に必要となる多目的線形計画モデル及び線形計画モデルに帰着させることが可能な(形式的には非線形計画モデルの一種である)分数計画モデルについて，その概要をながめる．

3.1　多目的計画モデル

　企業経営の意思決定においては，企業組織内部間における意思決定プロセスを調整する必要性のみならず，企業の外部環境からの規制等の制約も考慮される必要がある．したがって，典型的な線形計画モデルに見られるような単一の意思決定基準(目的関数)に着目して最適な意思決定を行なうことが企業全体から見るとき，その種の意思決定が最適な意思決定であるとは必ずしも言えないことは言を俟たない．このようなモデル化に対しては，以下のような問題点の指摘がなされてきている[1]．

---

1) Shapiro(1984), pp.173-174 を参照した．

現実の多くの意思決定問題表現とその意思決定プロセスの特徴は，単一の意思決定基準により適切な形で表現されるとは限らないという指摘がある．すなわち，企業活動の規模拡大とその複雑化に伴い，相互に関連する（多くの場合相反する場合も含む）種々の意思決定基準を勘案しながら意思決定プロセスを進める必要があることが明らかになっている．例えば，計画期間内の利益（または費用）といった単一目的を意思決定基準とする生産計画の意思決定では，生産計画に関わる作業員数の調整，ひいては雇用水準，労使関係といった組織全体の人的資源管理に影響を及ぼしかねない意思決定の側面をもつ．同様に，雇用機会均等，環境汚染防止，製品の安全性，品質保証など社会的・環境的側面に関する種々の企業活動への制約が課されてきている．この状況下では，労働組合，環境保護団体，消費者団体及び行政機関などの社会的・公的側面からの要請に対応するうえでも，これらの諸点を意思決定要因として反映させた意思決定モデルを構築する必要があるといえる．つまり，本質的に企業体としての意思決定は，複数の目的を考慮する必要があり，その意思決定には複数の利害関係者が係わっていると言える．したがって，企業の意思決定モデルは，企業と利害関係者との間で必要となる調整関係を表現し得ることが求められる．

　複数の意思決定基準（目的）を最適化する意思決定において，その全ての目的を同時に最適にする最適解が得られる状況は通常起こらない．このような状況を前提として，最適な意思決定とはどのように定義されるかにより，後述のように，種々の意思決定アプローチが考案されている．

　多目的計画（Multiple Objective Programming：MOP）の問題領域はオペレーションズ・リサーチ／経営科学（OR／MS）の中で重要な位置を占めてきている．Charns and Cooper（1962）の目標計画（Goal Programming：GP）モデルを端緒として，多くの意思決定問題への多目的計画アプローチが応用されてきている（Goicoechea *et al* 1982, Lin 1980）．これらの応用事例文献及び多目的計画への解法アプローチに係わる文献サーベイ論文を見る限り，多くの応用例は目標計画モデルに関連していることが分かる（Hwang and Masud 1979, Ignizio 1983, Korhonen *et al* 1992）．目標計画アプローチの応用は比較的容易ではあるが，その反面，各目的に対して目標値（goal value）の設定が意思決定者により

予めなされている必要があるとされており，モデル化プロセスにおける一つの問題点としての指摘がなされている(Hannan 1985)．

目標計画とは別の範疇に属する多目的計画モデル解法アプローチとしては，各目的関数値をベクトル表現し，そのベクトル最適化を行なうアプローチがある．このアプローチでは，意思決定者による目標値の設定，各目的の重要度を表すウェイト付けなどの前処理は要求されない．とくに，目的関数が線形の場合は多目的線形計画（Multiple Objective Linear Programming：MOLP）がモデル化アプローチとして確立されている(Evans and Steuer 1973, Zeleny 1982)．

本章では，単一の目的関数を最適化する数理計画モデルの拡張として，多目的計画モデルに応用されてきているモデル化手法をながめることにする．上述のように，そのモデル化手法は目標計画（GP）モデルと多目的線形計画（MOLP）モデルに大別されるので，以下においては，簡単な数値例を取り上げながら，それぞれのモデルの紹介とその解法アプローチを中心に紹介していくことにする．

3.1.1 多目的計画モデルの最適解とは

複数の意思決定基準（あるいは目的関数）を考えるとき，その最適解（optimal solution）は，単一の目的関数を最適化する場合とは異なる側面が生じてくる．例えば，ある多目的計画モデルにおいて，p（ただし，$p \geqq 2$）個の目的関数を考慮するとき，既述のとおり，ある許容解が p 個全ての目的関数の共通の最適解となる状況は通常起きない（任意の目的関数の最適解が p 個全ての共通の最適解となる場合，その最適解を理想解（ideal solution）などと呼ぶこともある）．ここで，最適解の意味するところから，ある許容解 $\bar{x}$ に対する p 個の目的関数値が求められるが，p 個全ての目的関数値と比較して，同等あるいは少なくとも一つの目的についてより良い目的関数値を与える別の許容解 x' が存在するならば，この許容解 $\bar{x}$ は許容解 x' により支配されている（dominated）とみなされ，したがって，最良であるとは言えない．ここで，他の許容解によって支配されない解は"効率的（efficient）な解"と呼ばれている．すなわち，ある許容解 $\bar{x}$ と任意の他の許容解に対して，（p 個の）目的関数値を比較するとき，許容解 $\bar{x}$ の目的関数値と等しいかあるいは少なくとも一つはより良い

値を与える許容解が他に存在しないならば，その許容解 $\bar{x}$ は効率的な解であると呼ばれる．効率的な解の性質を見るために，以下の簡略化された投資決定問題の数値例をながめることにしよう．

＜数値例 3.1 ＞ [2)]

ある会社は総額 60 百万円を上限とする資金の投資運用を考えているとし，この投資対象としては 1 年を投資期間とする短期投資案件 2 つがあげられているとしよう．ここで，投資案件 1 は推定で 10％ のリターンが見込まれ，比較的リスクの少ない投資案件であるとし，他方で，投資案件 2 は推定で 20％ のリターンが見込まれるがリスクの高い投資案件であるとしよう．この会社は投資可能な上限である 60 百万円の範囲内で，この 2 つの投資案件に対する投資額を決定できるとする．投資額決定に際しては，2 つの評価基準として収益性とリスクを考慮し，バランスのとれた意思決定をしたいとしよう．ここでは，投資リスク（これについては，後述する）の観点から，投資案件 1 には，少なくとも 20 百万円投資し，投資案件 2 には 30 百万円を超えない投資額の上限を設定するとしよう．このような問題設定の下では，この会社はどのように意思決定すべきであろうか．

数学的モデルを導くために，2 つの投資案件への投資額を表す意思決定変数 x_1, x_2 を以下のように定義する：

決定変数：

x_1：リスクの低い投資案件 1 への投資額（単位 100 万円）

x_2：リスクの高い投資案件 2 への投資額（単位 100 万円）

題意より，非負条件を除いて，下記の 3 つの制約条件を考慮する必要があり，

（総額枠を超えない投資）	$x_1 + x_2 \leq 60$
（投資案件 1 への投資額下限）	$x_1 \geq 20$
（投資案件 2 への投資額上限）	$x_2 \leq 30$
（投資額の非負条件）	$x_1, x_2 \geq 0$

[2)] 後述のように，Shapiro (1984) pp.174-177 の数値例における投資セキュリティ制約を用いたモデル表現の有用性を考慮して，その数値例を参照・一部引用した．

と表される.評価基準としては,収益性(profitability)とリスクを取りあげる.各投資対象の推定リターン値が与えられているので,収益性の評価基準値は各投資案件からの推定リターン合計とし,それを C_p により表すと

$$C_p = 0.1\,x_1 + 0.2x_2$$

となる.同様に,リスクを表す指標として,セキュリティ(安全性)を以下のように定義して,いわゆる投資リスクをセキュリティにより代用するものとする.ここでは,セキュリティとは,リスクの少ない投資案件1への投資額が多ければ多いほど,投資内容のセキュリティがより高いとみなされることを意味するとしよう.このセキュリティの評価基準値を C_s と表すとき,この値は投資案件1への投資額から投資案件2への投資額の差額として定義する.すなわち,

$$C_S = x_1 - x_2$$

ここでは,収益性(C_p)を高めつつ,上述のセキュリティ(C_s)をも高めるバランスのとれた投資の意思決定をすることが目的であるとするならば,この<数値例3.1>は以下のように定式化されよう:

最大化　$C_p = 0.1\,x_1 + 0.2x_2$
最大化　$C_S = x_1 - x_2$
制約条件:

$$\begin{aligned}
x_1 + x_2 &\leq 60 &\cdots\cdots(1)\\
x_1 &\geq 20 &\cdots\cdots(2)\\
x_2 &\leq 30 &\cdots\cdots(3)\\
x_1, x_2 &\geq 0 &\cdots\cdots(4)
\end{aligned}$$

この問題の制約条件が表す許容解の領域は(図3.1)の斜線が施されている四角形 $\alpha\beta\gamma\delta$ として表される.この図上で,2変数図式解法を適用すると,収益性が最大になる投資額は,点 α つまり $(x_1, x_2) = (30, 30)$ であり,その収益額は9百万円となることが分かる.同様に,セキュリティが最大になる投資額は,点 δ つまり $(x_1, x_2) = (60, 0)$ であり,そのセキュリティの値は60百万円となる.

次に，この定式化モデルの許容解（つまり，(1)〜(4)の制約を満たす解の集合）は評価基準値 C_p 及び C_S を座標軸とする平面上 (C_p, C_S) ではどのような点の集合として表されるかをみる．2つの目的関数の表現

$$C_p = 0.1\,x_1 + 0.2 x_2$$
$$C_S = x_1 - x_2$$

から，x_1 及び x_2 について解くと，

$$x_1 = \frac{10}{3}C_p + \frac{2}{3}C_S$$
$$x_2 = \frac{10}{3}C_p - \frac{1}{3}C_S$$

という関係が得られるので，この関係を (1)〜(4) の制約条件式に用いるとそれぞれが以下の関係式 (1′)〜(4′) として求められる：

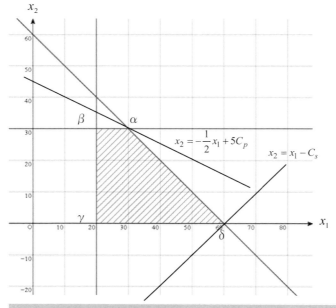

図 3.1：数値例 3.1 の許容領域と各目的の最適解

$$C_s \leq -20C_p + 180 \quad \cdots\cdots \quad (1')$$
$$C_s \geq -5C_p + 30 \quad \cdots\cdots \quad (2')$$
$$C_s \geq 10C_p - 90 \quad \cdots\cdots \quad (3')$$
$$C_s \leq 10C_p \quad \cdots\cdots \quad (4')$$

この不等式の満たす解の集合は（図 3.2）の四角形 ABCD により示されている．決定変数の座標平面 (x_1, x_2) で表された解集合と目的関数値の座標平面 (C_p, C_s) での解集合は何れも四角形となる．これは，2 つの座標平面の関係が 1 次式で表現されているので，両者ともに 1 次不等式で表される平面図形としてこれらが関連付けられることになる．

（図 3.1）と（図 3.2）を比較すると，点 α は点 A，点 β は点 B，点 γ は点 C，及び点 δ は点 D という対応関係のあることが分かる．ここで，（図 3.2）の 2 つの点 E (7.5, 30) と点 F (6, 20) の関係をながめてみよう．点 E と点 F の座標値を比較すると，点 E の座標値が両座標共に点 F より大きいことが分か

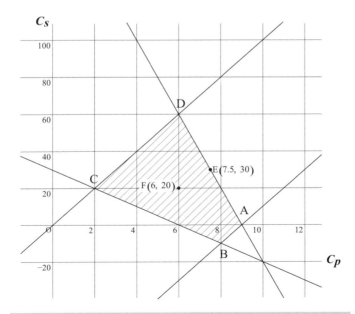

図 3.2：目的関数値 (C_p, C_s) 平面上における許容領域の表示

る．一般的に，（図 3.2）のような目的値を座標軸とする空間における 2 点 P_1, P_2 において，P_1 の少なくとも一つの座標値が P_2 の値よりも大きく，残り全ての座標においては P_2 の座標値より小さい値をとる座標がないとき，点 P_1 は点 P_2 を支配する（dominate）という．

よって，点 E は点 F を支配していることになる．さらに，（図 3.2）において，支配されていない解（または効率的な解）の集合は四角形 ABCD の辺 AD 上の点の集合となることが分かる（実際に，この四角形の辺 AD 以外の全ての点は線分 AD 上の点により支配されていることは容易に確認できよう）．この効率的な解の集合は効率的フロンティア（efficient frontier）と呼ばれる．

意思決定者がどの投資案を選ぶかは，意思決定者のリスクに対する見方に依存すると考えられ，一様にベストな投資案というものは決められないが，投資決定の対象としては効率的フロンティアに属する代替案が考えられ，その中から意思決定者の選好性（preference）に適合したものを選ぶことになる．

ここで，（図 3.2）の効率的フロンティア上に位置する任意の効率解を変更することを考える．この場合，線分 AD の傾きは−20 であるので，1 単位収益性を減らすことにより 20 単位分のセキュリティ増が見込まれる．つまり，一方の目的関数値を増加すると，他方の目的関数値は減少することになる．

この 2 つの目的関数値には，一般的なトレードオフ関係（一方を増やせば他方は減らさざるを得ない状況）が認められる．このように，多目的意思決定問題においては，唯一の最適解が自動的に決定される状況は通常起きることはなく，意思決定者の主観的な判断（例えば，選好性，後述の目標計画アプローチにおける目標値の設定のされ方等）が反映されていることを前提にして，効率的な解のうちから，意思決定者にとって最適な代替案が求められることになる．

多目的数理計画（Multiple Objective Mathematical Programming: MOMP）問題は，次のように一般的に定義される：

(MOMP)[3]　　最大化　$\left\{G(\mathbf{x}) \in R^p \mid \mathbf{x} \in F\right\}$

---

[3] ここでの表記法は，最大化が最適化の方向である場合に，最大化 {目的 | 制約条件} により，数理計画問題を表すという約束の下で標準的に用いられる簡略化された数理計画モデル表記法の一つである．

ここで，$G(\mathbf{x}) = (g_1(\mathbf{x}), g_2(\mathbf{x}), \cdots, g_p(\mathbf{x}))^\mathrm{T}$ は，実数値をとる p 個の目的関数値 $g_i(\mathbf{x})$ $(i = 1, 2, \cdots p)$ を要素にもつベクトル関数であり，集合 F は許容解の集合を表し，R^p は p 次元の実数空間を表すものとする．このように定義された問題においては，既述のように，この p 個の目的関数全てを最適化する唯一の最適解(いわゆる理想解)が得られることはほとど無いといえる．ここで，効率的な解の定義を以下に示す．

ある許容解 $\mathbf{x}^* \in F$ が効率的であるための必要十分条件は，

$g_j(\mathbf{x}) \geq g_j(\mathbf{x}^*)$ $(1 \leq j \leq p)$ であり，少なくとも一つのインデックス k については，$g_k(\mathbf{x}) > g_k(\mathbf{x}^*)$ を満たすような任意の許容解 $\mathbf{x} \in F$ が存在しない

ことである(この定義は支配されている解の定義の否定形となっている)．

さらに，特殊な場合として，目的関数と制約条件の全てが線形であるならば，これは既述の多目的線形計画(MOLP)問題となる．つまり，一般的には

(MOLP)　　最大化 $\left\{ (\mathbf{c}_1^\mathrm{T}\mathbf{x}), (\mathbf{c}_2^\mathrm{T}\mathbf{x}), \cdots, (\mathbf{c}_p^\mathrm{T}\mathbf{x}) \mid \mathbf{A}\mathbf{x} = \mathbf{b}, \mathbf{x} \geq \mathbf{0} \right\}$

と表される．この範疇のモデルについては，多目的線形計画問題への適用が意図されたシンプレックス法に準拠したアルゴリズムにより，全ての効率的基底解 (efficient basic solution) 集合 E を生成することができる (Zeleny, 1982 等を参照されたい)．

ここでは，以下の数値例に基づき，多目的線形計画モデルへのシンプレックス法の適用例をながめることにする．

＜数値例 3.2 ＞[4)]
最大化　$Z_1 = g_1(\mathbf{x}) = \mathbf{c}_1^T \mathbf{x} = 2x_1 + x_2$
最大化　$Z_2 = g_2(\mathbf{x}) = \mathbf{c}_2^T \mathbf{x} = -3x_1 + 2x_2$
制約条件：

$$2x_1 + 5x_2 \leq 60 \quad \cdots\cdots \ (1)$$
$$x_1 + x_2 \leq 18 \quad \cdots\cdots \ (2)$$
$$3x_1 + x_2 \leq 36 \quad \cdots\cdots \ (3)$$
$$x_2 \leq 10 \quad \cdots\cdots \ (4)$$
$$x_1, x_2 \geq 0$$

ここで，$\mathbf{c}_1^T = (2, 1)$，$\mathbf{c}_2^T = (-3, 2)$，$\mathbf{x}^T = (x_1, x_2)$ である．

（図 3.3）は，＜数値例 3.2 ＞の許容領域を図示したものである．5角形 ABCDE に対して，点 D は目的 Z_1 の最適解であり，また，点 A は目的 Z_2 の最適解であることが図式解法により分かる．また，制約条件 (2) は働いていない（つまり，点 D の外側を等式で成り立つ境界線が通っている）ことも読み取れる．

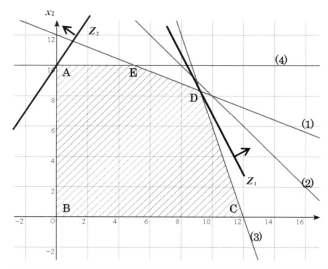

図 3.3：数値例 3.2 の制約条件式の領域表示

---

4) 本数値例は Goicoechea et al (1982), p.37 の演習問題を参照・引用した．

第 3 章　多目的計画・分数計画モデル ― 線形計画モデルの拡張

シンプレックス法を多目的線形計画問題へ適用するには，目的関数が複数個あるときに，その中から最適化したい目的関数を 1 つ選び，その目的関数へのシンプレックス法の適用により最適解が得られる．後述するように，得られた最適解は効率的基底解の一つであることが分かる．続いて，残りの目的関数のうちから 1 つ選び，同様にして最適解を求めるプロセスを経ることで，一連の効率的な基底解を求めていく．このアプローチは，順次目的関数を選びながら LP 最適化により基底許容解を探索することにより，効率的フロンティアを構成する効率的基底解を求めていくという手順として理解される．

シンプレックス法を適用するために，＜数値例 3.2 ＞の各制約条件に 4 つのスラック変数 x_3, x_4, x_5, x_6 を導入して制約条件式群を等式として表した標準形 LP が以下のように得られる：

最大化　$Z_1 = 2x_1 + x_2$
最大化　$Z_2 = -3x_1 + 2x_2$
制約条件：

$$
\begin{aligned}
2x_1 + 5x_2 + x_3 &= 60 \quad \cdots\cdots \text{ (1)} \\
x_1 + x_2 + x_4 &= 18 \quad \cdots\cdots \text{ (2)} \\
3x_1 + x_2 + x_5 &= 36 \quad \cdots\cdots \text{ (3)} \\
x_2 + x_6 &= 10 \quad \cdots\cdots \text{ (4)}
\end{aligned}
$$

$$x_1, x_2, x_3, x_4, x_5, x_6 \geq 0$$

この定式化における初期シンプレックス表は（表 3.1）のとおりとなる．このシンプレックス表では，それぞれの目的関数に対する最適性判定基準である $z_j - c_j$ の値が最初の 2 行に示されていること以外は，通常の単一目的シンプレックス表とその内容は異ならない．（表 3.1）の初期シンプレックス表では，非基底変数 x_2 列の Z_1 及び Z_2 行の数値をみると負であることから，この変数を基底変数に取り入れることが目的関数 Z_1 及び Z_2 に対して改善が見込まれる．新しい基底変数としてこの非基底変数が基底に入る（entering variable）ことにより，替わりに，どの基底変数が基底から除かれ（leaving variable）非基底変数となるかを決める必要がある．つまり，ある基底許容解から，掃き出し法による次の基底許容解を求める手順では，新たに基底に入る変数が決められたら，その結果，どの基底変数が基底から除外されるべきかを決める必要がある．

第2章でのシンプレックス手順によれば，(表3.1)においても，以下の比値の中で最小の値をとる基底変数が基底から除かれることになる：

$$\text{minimum}\left\{\frac{60}{5}, \frac{18}{1}, \frac{36}{1}, \frac{10}{1}\right\} = \text{minimum}\{12, 18, 36, 10\} = 10$$

表3.1：初期シンプレックス表

	x_1	x_2	x_3	x_4	x_5	x_6	
Z_1	-2	-1	0	0	0	0	0
Z_2	3	-2	0	0	0	0	0
x_3	2	5	1	0	0	0	60
x_4	1	1	0	1	0	0	18
x_5	3	1	0	0	1	0	36
x_6	0	①	0	0	0	1	10

つまり，このシンプレックス表で新たに基底に入る変数は4番目の基底変数の x_6 となる．シンプレックス表では，上記の最小値10は4番目の比値として決められたので，その行の左端の基底変数である x_6 が非基底変数となることが分かる．この結果，(表3.1)において○印で囲んだ要素をピボット要素として通常の掃き出し処理を制約条件式部分及び2つの目的関数部分に対しても行なうと，(表3.2)のシンプレックス表が得られる：

この(表3.2)において，Z_2 行(第2行)の $z_j - c_j$ 数値は全て非負であるので，この解は目的関数 Z_2 の最適解 $(x_1, x_2) = (0, 10)$ であることが分かる．一方，Z_1 行(第1行)の '$z_j - c_j$' の数値の中には負値(-2)の要素がある．したがって，

表3.2：シンプレックス表#2

	x_1	x_2	x_3	x_4	x_5	x_6	
Z_1	-2	0	0	0	0	1	10
Z_2	3	0	0	0	0	2	20
x_3	②	0	1	0	0	-5	10
x_4	1	0	0	1	0	-1	8
x_5	3	0	0	0	1	-1	26
x_2	0	1	0	0	0	1	10

目的関数 Z_1 においては，変数 x_1 を基底変数に入れることにより，その目的関数値は改善が見込まれることが分かる．同様に，基底を去る変数を決めるべく，x_1 の列と右端の列に対して以下のような処理を行なう：

$$\text{minimum}\left\{\frac{10}{2}, \frac{8}{1}, \frac{26}{3}\right\} = \text{minimum}\left\{5, 8, 8\frac{2}{3}\right\} = 5$$

であることから，現基底から変数 x_3 が除かれ非基底変数となる．

同様にして，（表 3.2）の x_1 列の○印で囲んだ要素について，ピボット操作を実施すると，（表 3.3）が得られる．

表3.3：シンプレックス表＃3

	x_1	x_2	x_3	x_4	x_5	x_6	
Z_1	0	0	1	0	0	-4	20
Z_2	0	0	-1.5	0	0	9.5	5
x_1	1	0	0.5	0	0	-2.5	5
x_4	0	0	-0.5	1	0	1.5	3
x_5	0	0	-1.5	0	1	⓺.5	11
x_2	0	1	0	0	0	1	10

この（表 3.3）での解は $(x_1, x_2) = (5, 10)$ 及び $Z_1 = 20$ となっている．この表の Z_1 行のうちで，負値をもつ変数 x_6 を基底に入れ，同様な比の最小値を求めることにより x_3 が基底変数から除かれることが分かり，次の（表 3.4）のようなシンプレックス表が得られる：

この（表 3.4）では，Z_1 行の数値は全て非負となり，この目的関数においては

表3.4：シンプレックス表＃4

	x_1	x_2	x_3	x_4	x_5	x_6	
Z_1	0	0	1/13	0	8/13	0	26 10/13
Z_2	0	0	9/13	0	-1 6/13	0	-11 1/13
x_1	1	0	-1/13	0	5/13	0	9 3/13
x_4	0	0	-2/13	1	-3/13	0	6/13
x_6	0	0	-3/13	0	2/13	1	1 9/13
x_2	0	1	3/13	0	-2/13	0	8 4/13

最適解 $(x_1, x_2) = (9\frac{3}{13}, 8\frac{4}{13})$ 及び最適値 $26\frac{10}{13}$ が得られていることが分かる．

以上の各シンプレックス表の基底許容解を（図3.3）と比較対照すると，（図3.3）における，点 B ⇒ 点 A ⇒ 点 E ⇒ 点 D という順序で効率的な基底許容解が探索されたことになる．

本書では，最適化されるべき目的関数の一般的な選択ルールについての説明は省略されているが，その詳細については，Zeleny（1982），Goicoechea *et al*（1982）等を参照していただきたい．上述のアプローチに関連して，多目的線形計画モデルの効率的基底許容解を生成する代替的方法として知られている，2つのアプローチを次節において紹介することにする．

3.2　MOLPの効率的な基底許容解を求める代替アプローチ

多目的最適化問題においては，一般的に，最適な代替案の判定基準は個々の意思決定者に依存することから，最適な代替案探索における候補対象となり得る効率的な解の集合を生成する方法が求められることになる．しかしながら，（図3.2）のように，目的関数値の座標空間において効率的フロンティアを生成することにより，意思決定者の最適解候補は分かるとはいえ，効率的フロンティア上のいずれの解が選択されるべきかを判断することは明確ではなく，一般的には，実際的なアプローチとならないことも多い．この問題点を回避する方法として，多目的計画問題を一連の単一目的最適化問題に変形して取り扱うアプローチが考案されてきている．もちろん，その理由の一つには，単一目的の最適化問題への解法アプローチが多数存在することがあげられる．ここでは，複数ある目的関数の付順方式（preemptive）最適化と加重和方式（weighted sum）最適化について以下に紹介する．

3.2.1　付順方式による最適化

複数の目的を考慮するとき，各目的間においてその重要度(優先度)が異なることが普通であろう．そこで，この方式では目的の重要度に応じてその順序付

けを行ない，その重要度の高い順序に一つずつ目的をとりあげながら(単一)目的最適化手法を用いて最適解及び最適値を求めることになる．最初に重要度の一番高い目的関数について最適解及び最適値が求められたなら，その次に重要度の高い目的を選び最適化を行なうが，そのときに重要度が最大であった目的関数の値は最適値を下限(最大化の場合)とする制約条件を新たに付加した形でモデルを定義して，その最適化を行なう．このように，反復的に最適化を実施する段階において，最適値の下限に係わる制約条件式が一つずつ追加されたモデルに対して，付順方式は単一目的の最適化手法を用いて最適解を求めていくアプローチとみなせる．この一連の手順は，全ての目的関数について最適化を行なうことで終了することになる．以上を確認するために，先に紹介した＜数値例 3.1 ＞についてこの方式を適用してみよう．

＜数値例 3.1 ＞(再掲)

最大化　$C_p = 0.1 x_1 + 0.2 x_2$
最大化　$C_S = x_1 - x_2$
制約条件
$$x_1 + x_2 \leq 60 \quad \cdots\cdots (1)$$
$$x_1 \geq 20 \quad \cdots\cdots (2)$$
$$x_2 \leq 30 \quad \cdots\cdots (3)$$
$$x_1, x_2 \geq 0 \quad \cdots\cdots (4)$$

ここでは，収益性(C_p)の方がセキュリティ(C_S)より重要である意思決定者の場合を考える．この場合，以下の線形計画モデルを解くことになる：

最大化　$C_p = 0.1 x_1 + 0.2 x_2$
制約条件
$$x_1 + x_2 \leq 60 \quad \cdots\cdots (1)$$
$$x_1 \geq 20 \quad \cdots\cdots (2)$$
$$x_2 \leq 30 \quad \cdots\cdots (3)$$
$$x_1, x_2 \geq 0 \quad \cdots\cdots (4)$$

先に示した（図 3.1）において図式解法を適用すると，この線形計画モデルの最適解は点 α (30, 30) であり，$C_p = 9$ となる．したがって，次に重要度の高い目的関数であるセキュリティ(C_S)については以下の線形計画モデルを解くこ

とになる：

最大化　$C_S = x_1 - x_2$
制約条件
$$0.1 x_1 + 0.2 x_2 \geq 9 \quad \cdots\cdots (*)$$
$$x_1 + x_2 \leq 60 \quad \cdots\cdots (1)$$
$$x_1 \geq 20 \quad \cdots\cdots (2)$$
$$x_2 \leq 30 \quad \cdots\cdots (3)$$
$$x_1, x_2 \geq 0 \quad \cdots\cdots (4)$$

ここで，新たに加えられた制約条件式 (*) を考慮すると，これら全てを満たす許容解は点 α (30, 30) のみとなることが（図3.1）より分かる．その点でのセキュリティの値はゼロとなる．同様な分析がセキュリティを重要視する場合にも行なえるわけで，その場合は点 δ (60,0) であることが分かり，収益性（C_p）の値は6となる．このように，意思決定者のセキュリティ及び収益性に対する見方が異なれば，選択される投資案も異なることが分かる．

3.2.2　加重和方式による最適化

複数ある目的関数の重要度を個別に予め決めておき，その重要度の順序にしたがって各目的関数を個別に扱う最適化問題の最適解を求めていくという方法の代わりに，各目的関数に適切なウェイトを付けて加え合わせることにより得られる新たな単一の目的関数を最適化する方法が知られている．この方式は一般的には以下のように定義される：

p 個の目的関数 $g_i(\mathbf{x})$ $(i = 1, 2, \cdots p)$ に適当な重み $\lambda_i > 0$ $(i = 1, 2, \cdots p)$ を与えて多目的計画問題を単一目的関数の最適化問題

最大化　$\sum_{i=1}^{p} \lambda_i g_i(\mathbf{x}) = \lambda_1 g_1(\mathbf{x}) + \lambda_2 g_2(\mathbf{x}) + \cdots + \lambda_p g_p(\mathbf{x})$
制約条件
$$\mathbf{x} \in F$$
$$\lambda_i \geq 0 \quad (i = 1, 2, \cdots p)$$

として表す．ただし，F は制約条件により表される許容解の集合を表し，複数の目的関数に対して最大化の目的関数には正のウェイト $\lambda_i > 0$ $(i = 1, 2, \cdots p)$

(最小化の目的関数には負のウェイト）を掛けて加え合わせることにより合成される単一の目的関数として表す．また，ウェイト値によって各目的関数の（意思決定者からみた）重要度を表すことも可能である．ここでは，＜数値例 3.2 ＞にこの方法を適用してみる．

＜数値例 3.2 ＞（再掲）

最大化　$Z_1 = g_1(\mathbf{x}) = \mathbf{c}_1^T \mathbf{x} = 2x_1 + x_2$
最大化　$Z_2 = g_2(\mathbf{x}) = \mathbf{c}_2^T \mathbf{x} = -3x_1 + 2x_2$
制約条件
$$2x_1 + 5x_2 \leq 60 \quad \cdots\cdots \quad (1)$$
$$x_1 + x_2 \leq 18 \quad \cdots\cdots \quad (2)$$
$$3x_1 + x_2 \leq 36 \quad \cdots\cdots \quad (3)$$
$$x_2 \leq 10 \quad \cdots\cdots \quad (4)$$
$$x_1, x_2 \geq 0$$

この数値例の各目的関数に対してウェイト $\lambda_1, \lambda_2 \geq 0$ を掛けて加え合わせると，多目的計画問題の複数の目的関数は

最大化　$\lambda_1 g_1(\mathbf{x}) + \lambda_2 g_2(\mathbf{x}) = \lambda_1(2x_1 + x_2) + \lambda_2(-3x_1 + 2x_2)$

すなわち，

最大化　$(2\lambda_1 - 3\lambda_2)x_1 + (\lambda_1 + 2\lambda_2)x_2$

という単一目的関数として表されたことになる．つまり，

最大化　　$Z = (2\lambda_1 - 3\lambda_2)x_1 + (\lambda_1 + 2\lambda_2)x_2$
制約条件：
$$2x_1 + 5x_2 \leq 60 \quad \cdots\cdots \quad (1)$$
$$x_1 + x_2 \leq 18 \quad \cdots\cdots \quad (2)$$
$$3x_1 + x_2 \leq 36 \quad \cdots\cdots \quad (3)$$
$$x_2 \leq 10 \quad \cdots\cdots \quad (4)$$
$$x_1, x_2 \geq 0$$

という線形計画モデルで表された．ここで，ウェイト値が意思決定者からみた各目的の重要度を相対的に表しているとするならば，この加重和で表現され

た線形計画モデルの最適解は多目的計画問題に対する最良の妥協解とみなされる．また，ウェイト値が非負である限り，この加重和表現によるモデルの最適解は多目的計画問題の効率解の一つとなることが分かる（Goicoechea *et al.* 1982）．ここで，$\lambda_1 = 1, \lambda_2 = 2$ とウェイト値を選んだとする（つまり，意思決定者にとって目標 2 の値 Z_2 が目標 1 の値 Z_1 に比して 2 倍の重要度があるとする）．このとき加重和表現モデルは

最大化　$Z = -4x_1 + 5x_2$
制約条件
$$2x_1 + 5x_2 \leq 60 \quad \cdots\cdots \quad (1)$$
$$x_1 + x_2 \leq 18 \quad \cdots\cdots \quad (2)$$
$$3x_1 + x_2 \leq 36 \quad \cdots\cdots \quad (3)$$
$$x_2 \leq 10 \quad \cdots\cdots \quad (4)$$
$$x_1, x_2 \geq 0$$

（図 3.3）の制約領域において図式解法を用いると，このモデルでの目的関数値 Z の値が最大になるのは効率解である点 A であることが分かる．Zeleny（1982）では，パラメータ λ_i の値を予め設定されることなしに，パラメータ値の範囲が各々の効率解に応じて求められる方法（multi-parametric decomposition）も展開されている．

3.3　目標計画モデル

前節で紹介した加重和方式による最適化モデルにおいては，複数の目的を加重和方式で合成された単一の目的関数を新たに定義してモデルを構築した．目標計画（Goal Programming: GP）モデルにおいては，個々の目的（関数）の値に対して，意思決定者により設定される満足レベルの値が，目標値（goal）として具体的に与えられる．それぞれの目的に対して設定された目標値と意思決定の結果を表す目的関数値との差（乖離度合）に基づき，全体的な乖離程度を表す単一の目的関数を新たに定義し，この全体的な乖離度合を最小にすることを目的とする最適化モデルであるといえる．前述したように，多目的意思決定におい

第 3 章　多目的計画・分数計画モデル ― 線形計画モデルの拡張

ては各目的の目標値が全て達成される意思決定代替案が存在する場合は通常期待されない．すなわち，目標計画法における最適化とは，各目的における目標値と実現値の乖離度合を求め，それらの総和を最小にすることにより得られる妥協的な(compromise)解を求める方法であるといえる．

それぞれの目的関数 $g_j(\mathbf{x})$ （$j = 1, 2, \cdots, p$）に対して個別に p 個の目標値 g_j^* が意思決定者等により設定されるとしよう．ここで，モデルの解 $\bar{\mathbf{x}}$ に対して，各目的関数 $g_j(\mathbf{x})$ の関数値 $g_j(\bar{\mathbf{x}})$ が計算できるので，その関数値と目標値との乖離の度合を両者の差で表すことができる．そのために，各目的関数に対して 2 つの偏差変数(deviation variable) d_j^+, d_j^- を以下のように定義して，その乖離の度合が表される．目標値 g_j^* を基準にすると，関数値 $g_j(\bar{\mathbf{x}})$ が目標値を超える場合の乖離度合 d_j^+，あるいは等しいか下回る場合の乖離度合 d_j^- の何れかにより乖離度合が表されるので，それぞれは以下のように定義される：

$$d_j^+ = g_j(\bar{\mathbf{x}}) - g_j^* \;\Rightarrow\; g_j(\bar{\mathbf{x}}) - d_j^+ = g_j^*$$

つまり，目的関数値－超過分＝目標値．

同様に，

$$d_j^- = g_j^* - g_j(\bar{\mathbf{x}}) \;\Rightarrow\; g_j(\bar{\mathbf{x}}) + d_j^- = g_j^*$$

つまり，目的関数値＋不足分＝目標値．

ただし，不足分と超過分の両方が正の値をとることはあり得ないので，

$$d_j^+ \, d_j^- = 0$$

つまり，少なくともいずれか一方の偏差変数はゼロ値をとる．

このように各制約条件式に対して，偏差変数 d_j^+, d_j^- を一対ずつ導入することにより，目標制約条件式(goal constraint)

$$g_j(\bar{\mathbf{x}}) + d_j^- - d_j^+ = g_j^* \quad (j = 1, 2, \cdots, p)$$

が定義される．この目標制約条件式は，

　　　　目的関数の値＋不足分－超過分＝目標値

という関係を表している．ただし，不足分と超過分が両方ともに正の値は取り得ないので，$d_j^- \, d_j^+ = 0$ という条件式を満たす必要がある．

目標計画モデルの目的関数は，各目的について目標値と実現値の乖離の程度

の総和を求めその値を最小にすることであるから，その目的関数は常に最小化問題形式をとり，以下のように表される：

最小化　　$Z = \sum_{j=1}^{p}(d_j^+ + d_j^-)$

ここで，各目的に対して優先順位を表す順位係数 P_j（伏見他（1987）等を参照されたい）を付けることも可能であり，そのような場合には，目標計画モデルは

最小化　　$Z = \sum_{j=1}^{p} P_j(d_j^+ + d_j^-)$

と表すこともできる．したがって，一般的な線形目標計画（GP）モデルは以下のように線形計画モデルとして表される：

（GP）

最小化　　$Z = \sum_{j=1}^{p} P_j(d_j^+ + d_j^-)$

制約条件：

$$g_j(\mathbf{x}) + d_j^- - d_j^+ = g_j^* \quad (1 \leq j \leq p) \quad \cdots\cdots (*1)$$

$$\mathbf{x} \in F \quad \cdots\cdots (*2)$$

$$d_j^-, d_j^+ \geq 0 \quad (1 \leq j \leq p) \quad \cdots\cdots (*3)$$

ここで，タイプ（*1）の目標制約条件式の数は，目的関数の総数 p である．このように，目標計画モデルにおいては，元々の多目的計画モデルでの目的関数 $g_j(\mathbf{x})$ が目標制約条件式の中に組み入れられている．（*2）の制約条件は元々のモデルの制約条件式からなり，その許容領域を F で表している．（*3）は偏差変数の非負条件を表している．また，目的関数は順位係数によりウェイト付けされた偏差変数の総和の最小化問題として表される．

このように，目標計画モデルにおける制約条件式の数は p 個増え，モデル変数の数も導入された偏差変数の総数である $2p$ 個だけ増えることになる．さらに，（3*）の制約には，何れもが同時に正の値を取り得ない（つまり，一対の偏差変数中で少なくとも一つはゼロ値をとる）という条件である両者の積の値はゼロ，つまり，$d_j^- d_j^+ = 0$ という条件を満たすことが必要であると上述したが，

実際には，この条件は線形計画モデルとして最適解を探索するときには自動的に満たされる（例えば今野 (1991) 等を参照のこと）ので，上記のモデルの定式化では省略されている．そこで，＜数値例 3.2 ＞において目標値が設定されたとして，目標計画モデルによりこの数値例を表してみることにしよう．

＜数値例 3.2 ＞の制約条件式の許容領域は（図 3.3）に示されている．仮に，意思決定者により，1つ目の目的関数 Z_1 の目標値が 30 で与えられ，2つ目の目的関数 Z_2 の目標値が 25 で与えられたとする．つまり，$g_1^* = 30, g_2^* = 25$ として与えられたとする．（図 3.3）及び（表 3.4）を参照すると，許容解については，$Z_1^* \leq 26\frac{10}{13}$，$Z_2^* \leq 20$ であることが分かるので，いずれの目標値も実現され得ないことから，偏差変数は $d_1^+ = d_2^+ = 0$ となることがわかり，$d_1^- > 0, d_2^- > 0$ という2つの偏差変数により，目的関数値と目標値との差分（乖離の程度）が表現できる．目標計画モデルの定式化にしたがうと，目標制約条件式は

$$g_1(\mathbf{x}) = g_1(x_1, x_1) + d_1^- - d_1^+ = 2x_1 + x_2 + d_1^- - d_1^+ = 30$$
$$g_2(\mathbf{x}) = g_2(x_1, x_1) + d_2^- - d_2^+ = -3x_1 + 2x_2 + d_2^- - d_2^+ = 25$$

と表される．したがって，＜数値例 3.2 ＞の目標計画モデルは

最小化　　$Z = d_1^- + d_2^- + d_1^+ + d_2^+$
制約条件：

$$\left. \begin{array}{l} 2x_1 + x_2 + d_1^- - d_1^+ = 30 \\ -3x_1 + 2x_2 + d_2^- - d_2^+ = 25 \end{array} \right\} \cdots\cdots (0)$$

$$\begin{array}{ll} 2x_1 + 5x_2 \leq 60 & \cdots\cdots (1) \\ x_1 + x_2 \leq 18 & \cdots\cdots (2) \\ 3x_1 + x_2 \leq 36 & \cdots\cdots (3) \\ x_2 \leq 10 & \cdots\cdots (4) \end{array}$$

$$x_1, x_2, d_1^-, d_1^+, d_2^-, d_2^+ \geq 0$$

と表される．このモデルにおいて，グループ (0) の2つの制約条件は目標制約条件式として新たに付加されたものであり，(1)～(4) は元のモデルの制約条件式群，最後の制約条件式は意思決定変数及び偏差変数の非負条件を表している．これらの制約条件の下で，2つの目的関数と各目標値との乖離程度の総和として目標計画モデルでの目的関数を定義して，その乖離程度の総和が最小と

なる解を最適な解として求めることになる．

Excel ソルバーを使い，このモデルを解くと最適解は
$$x_1 = 0, \quad x_2 = 10, \quad d_1^- = 20, \quad d_2^- = 5, \quad Z = 25$$
であり，目的関数 1 及び 2 の最適値 Z_1, Z_2 は $Z_1 = 10, \quad Z_2 = 20$ であり，この目標計画モデルの最適解は(図 3.3)における点 A に一致することが分かる．

ここで，目的 1 と目的 2 との間に 2：1 のウェイト比を付けてみることにする．つまり，(GP) において，$P_1 : P_2 = 2 : 1$ として目的 1 に目的 2 の 2 倍の重要度を付けてみることにする．この場合，目標計画モデルの目的関数は

最小化 $\quad Z = 2(d_1^- + d_1^+) + d_2^- + d_2^+$

と変更されるが制約条件には変更はない．この変更を加えたワークシートモデルに対して Excel ソルバーで解を求めると，その最適解は
$$x_1 = 5, \quad x_2 = 10, \quad d_1^- = 10, \quad d_2^- = 20, \quad Z = 40$$
となり，目的関数 1 及び 2 の最適値 Z_1, Z_2 は
$$Z_1 = 20, \quad Z_2 = 5$$
となる．すなわち，この場合 (図 3.3) の点 E が目標計画モデルの最適解となる．目的 1 の重要度を 2 倍に増すことで，目標計画モデルの最適解は目的 1 のみを考慮した LP 最適解を与える点 D に近づいたことが確認される．

3.4 分数計画モデル

経営の意思決定問題において，その評価基準(目的)が比率(ratio)で表される問題は少なからず見られる．例えば，会計・財務領域では，財務諸表各項目による比率分析がなされることが多く，さまざまな財務比率（流動比率，営業利益率，棚卸資産回転率等々）の値により会社の状態が見えてくることになる．つまり，会社の安全性，収益性，効率性，成長性などを表す指標値を検討することにより，多面的・総合的に会社の状況分析がなされる．このように複数の指標に基づき状況分析を行なうことになるが，ここでは，各指標値の 1 次関数で与えられる総合的な指標値の比値 (linear fractional) として目的関数が表されるモデルをながめることにする．

分数形の目的関数の分子は
$$N(\mathbf{x}) = c_0 + \mathbf{c}^T \mathbf{x} = c_0 + \sum_{i=1}^{n} c_i\, x_i = c_0 + c_1 x_1 + \cdots + c_{n-1} x_{n-1} + c_n x_n$$
分母は
$$D(\mathbf{x}) = d_0 + \mathbf{d}^T \mathbf{x} = d_0 + \sum_{i=1}^{n} d_i\, x_i = d_0 + d_1 x_1 + \cdots + d_{n-1} x_{n-1} + d_n x_n$$

により表されているとき，最大化問題での目的関数は分数の値 Q を最大化する

$$\text{最大化} \quad Q = \frac{N(\mathbf{x})}{D(\mathbf{x})} = \frac{c_0 + \mathbf{c}^T \mathbf{x}}{d_0 + \mathbf{d}^T \mathbf{x}} = \frac{c_0 + \sum_{i=1}^{n} c_i\, x_i}{d_0 + \sum_{i=1}^{n} d_i\, x_i} = \frac{c_0 + c_1 x_1 + \cdots + c_{n-1} x_{n-1} + c_n x_n}{d_0 + d_1 x_1 + \cdots + d_{n-1} x_{n-1} + d_n x_n}$$

として定義されることになる．ここで，制約条件も1次関数で表された線形分数計画モデル（Linear Fractional Programming Model: LFPM）は以下のように定義される：

(LFPM)：

最大化 $\quad Q = \dfrac{\mathbf{c}^T \mathbf{x} + c_0}{\mathbf{d}^T \mathbf{x} + d_0} = \dfrac{\sum_{i=1}^{n} c_i\, x_i + c_0}{\sum_{i=1}^{n} d_i\, x_i + c_0}$

制約条件
$$\mathbf{A}\mathbf{x} = \mathbf{b}$$
$$\mathbf{x} \geq \mathbf{0}$$

ここで，制約条件を満たす任意の解 $\mathbf{x}$ に対して，分母の1次関数の値は正値であると仮定される．すなわち，上記の全制約条件を満たす解の集合を F で表すとき，全ての $\mathbf{x} \in F$ に対して，

$$d_0 + \mathbf{d}^T \mathbf{x} = d_0 + \sum_{i=1}^{n} d_i x_i > 0$$

であると仮定する．

3.4.1 分数計画モデルへの解法アプローチ

Charnes and Cooper(1962)により導入された変数変換法
$$z_i = t\, x_i \quad (i = 1, 2, \cdots, n), \quad t \geq 0$$
（あるいは，ベクトル表現では $\quad \mathbf{z} = t\, \mathbf{x}, \quad t \geq 0$）

によると，この (LFPM) の目的関数の分子と分母を t 倍し，同様に 1 次方程式系で表される制約条件の両辺も t 倍すると，以下のような問題に変換される：

書き換えられた (LFPM)

最大化 $\quad Q = \dfrac{\mathbf{c}^{\mathrm{T}}(t\mathbf{x}) + tc_0}{\mathbf{d}^{\mathrm{T}}(t\mathbf{x}) + td_0} \quad \Leftrightarrow \quad$ 最大化 $\quad Q = \dfrac{\mathbf{c}^{\mathrm{T}}\mathbf{z} + c_0 t}{\mathbf{d}^{\mathrm{T}}\mathbf{z} + d_0 t}$

制約条件 $\qquad\qquad\qquad\qquad\qquad$ 制約条件

$$t\mathbf{A}\mathbf{x} = t\mathbf{b} \quad \Leftrightarrow \quad \mathbf{A}\mathbf{z} - t\mathbf{b} = \mathbf{0}$$
$$\mathbf{x} \geq \mathbf{0},\ t \geq 0 \quad \Leftrightarrow \quad \mathbf{z} \geq \mathbf{0},\ t \geq 0$$

この書き換えられた問題において，分母部分の値を制約条件の一部として取り入れることにより関連付けられた以下の問題は，線形計画モデルとみなされる：

最大化 $\quad Q = \mathbf{c}^{\mathrm{T}}\mathbf{z} + c_0 t$
制約条件

$$\mathbf{d}^{\mathrm{T}}\mathbf{z} + d_0 t = 1$$
$$\mathbf{A}\mathbf{z} - t\mathbf{b} = \mathbf{0}$$
$$\mathbf{z} \geq \mathbf{0},\ t \geq 0$$

また，(LFPM) が最適解をもつときには，上記の線形計画モデルの最適解を $(z_1^*, z_2^*, \cdots, z_{n-1}^*, z_n^*, t^*)$ と表すと，(LFPM) の最適解は，

$$x_j^* = z_j^*/t^* \quad (j = 1, 2, \cdots n)$$

で与えられることが示されている (今野 (1991)，Charnes and Cooper (1962) 等を参照のこと). さらに，今野 (1991) においては，(LFPM) が最適解をもつならば，その最適解の特徴として，正の値をもつ変数の数は高々 m 個 (ここで，m は 1 次方程式系で与えられる制約条件式の数) であり，意思決定変数の数 n に比べて多くの場合 $n \gg m$ という関係があることから，(LFPM) で表される債券投資モデルにおけるこの数学的事実の含意にも言及がなされている (ただし，今野 (1991) において検討されているモデルの制約条件の中には，上記の (LFPM) の制約に加えて有界変数制約が明示されていることを付言しておく).

変数の実数 ($t \geq 0$) 倍するという変換により，線形計画モデルに帰着し解を

求めるアプローチは常に効果的であるとは限らない．3.3節で紹介した目標計画モデルの枠組みにより分数計画問題を表す試みにおいては，偏差変数が導入された目標制約条件式においては意図されたモデルの線形化が実現されず，かえって複雑化してしまうとの指摘もある（Hwang et al (1979)，Charnes et al (1962)）．

目的関数が1次関数の分数形式ではなく，非線形関数の分数比として表されるような場合には，より一般的アプローチの適用が考えられる．その1つとしてここで取り上げる Dinkelbach (1967) の解法アプローチが知られている．ここでは，以下のような一般的な分数計画モデル(DP0)を考える：

(DP0)　　最大化　　$Q = N(\mathbf{x})/D(\mathbf{x})$
　　　　　制約条件　$\mathbf{x} \in F$

ただし，F は制約条件式を満たす有界で閉じた（closed and bounded）集合であるとし，さらに，任意の $\mathbf{x} \in F$ に対して $D(\mathbf{x}) > 0$ であるとする．また，$N(\mathbf{x}), D(\mathbf{x})$ 両方共に連続な関数であることが必要とされている．この一般的な分数計画モデルに対して，Dinkelbach は実数のパラメータ u を導入した以下のモデル(DP1)を考察した：

(DP1)　　最大化　　$Z \; (= G(u)) = N(\mathbf{x}) - u\, D(\mathbf{x})$
　　　　　制約条件
　　　　　　　　　　$\mathbf{x} \in F$

この(DP1)の最適値 Z はパラメータ u の値に対して単調減少である．つまり，あるパラメータ値 u^1 に対する(DP1)の最適値を Z^1 と表すと，
$$Z^1 = G(u^1) = Max\left\{N(\mathbf{x}) - u^1 D(\mathbf{x}) \mid \mathbf{x} \in F\right\}$$
となり，$u^1 < u^2 \Rightarrow Z^1 = G(u^1) > G(u^2) = Z^2$ である．

また，この関数 $G(u)$ は連続であるので，$G(u) = 0$ を満たすパラメータ u の値を $\bar{u}$ と表すと，その値は一意に決まることになる(Dinkelbach, 1967)．

あるパラメータ値 $u = u'$ に対して（DP1）を解き，その最適解を $\mathbf{x}^* = \mathbf{x}^*(u')$ と表すとき，(DP1)の最適値 Z' を次のように表記するとしよう：

$$Z' = G(u', \mathbf{x}^*) = G(u') = Max\left\{ N(x) - u' D(x) \mid x \in F \right\}$$

Dinkelbach は以下の数学的事実を証明している(ここでは，証明は省略する)：
元の問題(DP0)において，

$$Q = \overline{u} = N(\overline{\mathbf{x}})/D(\overline{\mathbf{x}}) = Max\{N(\mathbf{x})/D(\mathbf{x}) \mid \mathbf{x} \in F\}$$

であるための必要十分条件は，パラメータ表現された問題(DP1)において

$$Z = G(\overline{u}) = G(\overline{u}, \overline{\mathbf{x}}) = Max\{N(\overline{\mathbf{x}}) - \overline{u}\, D(\overline{\mathbf{x}}) \mid \mathbf{x} \in F\} = 0$$

となることである．

この数学的事実が述べていることは，"元の問題 (DP0) において $\overline{\mathbf{x}}$ が最適解であるための必要十分条件は，(DP0) の最適解 $\overline{\mathbf{x}}$ における最適値 $N(\overline{\mathbf{x}})/D(\overline{\mathbf{x}})$ の値を，パラメータ表現された(DP1)におけるパラメータ値として定義される問題の最適値 $Z = G(\overline{u})$ の値がゼロとなることである．"と解釈される．あるいは，パラメータ表現された(DP1)の最適値がゼロとなるようなパラメータ u の値が $\overline{u}$ として得られるならば，元の問題(DP0)の最適値は(DP1)のパラメータ $\overline{u}$ として求められ，同時にその最適解も求められることになる．

3.4.2　分数計画モデルによる効率性評価 — 包絡分析法 (DEA) モデル

Charnes and Cooper により提唱された線形分数計画モデルに対する変数変換に基づく解法アプローチを前項において紹介した．会計・財務領域においては，企業の財務諸表データに対して企業の成長性，収益性，安全性，生産性（アウトプット／インプット）などの視点から経営状態を判断する経営分析手法として確立されていることは既述のとおりである．一方，生産性の視点からは，自社の比率値と業界他社(例えば，業界の優良企業，業界平均)の比率値との比較をとおして，自社の生産効率の改善の判断につげなられる知見が得られることが指摘されている．

DEA（Data Envelopment Analysis：包絡分析法）とは，比較対照が可能とみなされる同質な複数の意思決定主体(事業体)の相対的な効率性評価の手法の一つとして知られており，その基本的なモデルは CCR モデル（Charnes, Cooper and Rhodes Model)と呼ばれている．その基本的考え方は，比率尺度値により複数の意思決定主体[5]（DMU: Decision Making Unit）間の効率性を相対的に（比値により）比較することにある．そこでは，数値として与えられる産出（output）や投入（input）の比値により，意思決定主体における投入・産出変換過程の効率性を測定することになる．すなわち，より少ない投入（用いられた経営資源）レベルからより大きな産出（事業活動によって実現された結果）レベルを得ることが効率的であるという考え方があることから，産出／投入（あるいは，出力／入力）で与えられる比率値を最大にすることが効率的であるとみなすことになる（刀根（1993），末吉（2001）などを参照のこと）．

一般的には，n 個の意思決定主体が m 入力，s 出力からなる場合の DEA モデルは（表 3.5）のように表される：

表 3.5：DEA モデルの入力値，出力値の表示

入出力数		DMU_j $(j=1,\cdots,n)$						
		DMU_1	DMU_2	DMU_3	...	DMU_j	...	DMU_n
m 入力	入力1	x_{11}	x_{12}	x_{13}	$\cdots$	x_{1j}	$\cdots$	x_{1n}
	入力2	x_{21}	x_{22}	x_{22}	$\cdots$	x_{2j}	$\cdots$	x_{2n}
	$\vdots$	$\vdots$	$\vdots$	$\vdots$		$\vdots$		$\vdots$
	入力m	x_{m1}	x_{m2}	x_{m3}	$\cdots$	x_{mj}	$\cdots$	x_{mn}
s 出力	出力1	y_{11}	y_{12}	y_{13}	$\cdots$	y_{1j}	$\cdots$	y_{1n}
	出力2	y_{21}	y_{22}	y_{23}	$\cdots$	y_{2j}	$\cdots$	y_{2n}
	$\vdots$	$\vdots$	$\vdots$	$\vdots$		$\vdots$		$\vdots$
	出力s	y_{s1}	y_{s2}	y_{s3}	$\cdots$	y_{sj}	$\cdots$	y_{sn}

ここで，全ての x_{ij} は DMU_j の i 番目の入力項目の値，y_{ij} は DMU_j の i 番目の出力項目の値を表す．また，入力値の $(m \times n)$ の行列を $\mathbf{X}$，出力値の $(s \times n)$ の行列を $\mathbf{Y}$ と定義すると，

---

[5] DMU に対しては，末吉（2001）におけるように，意思決定単位という訳語が使われることがあるが，本書では，この訳語を用いることにする．

$$\mathbf{X} = \begin{pmatrix} x_{11} & x_{12} & \cdots & x_{1n} \\ x_{21} & x_{22} & \cdots & x_{2n} \\ . & . & \cdots & . \\ . & . & \cdots & . \\ . & . & \cdots & . \\ x_{m1} & x_{m2} & \cdots & x_{mn} \end{pmatrix}, \quad \mathbf{Y} = \begin{pmatrix} y_{11} & y_{12} & \cdots & y_{1n} \\ y_{21} & y_{22} & \cdots & y_{2n} \\ . & . & \cdots & . \\ . & . & \cdots & . \\ . & . & \cdots & . \\ y_{s1} & y_{s2} & \cdots & y_{sn} \end{pmatrix}$$

となり，これらの行列は（表3.5）の上半分及び下半分により構成されている．

つぎに，効率性の比率を構成する仮想的入力及び仮想的出力を定義する．任意の DMU_j，即ち意思決定主体 j の仮想的入力を計算するために，その各入力値 x_{ij} のウェイトを v_i $(i=1,\cdots,m)$ とすると，

$$\text{意思決定主体} j \text{の仮想的入力} = v_1 x_{1j} + v_2 x_{2j} + \cdots + v_m x_{mj} = \sum_{i=1}^{m} v_i x_{ij}$$

と定義される．同様にして，意思決定主体 j の仮想的出力を計算するために，その各出力値 y_{ij} のウェイトを u_i $(i=1,\cdots,s)$ とすると，同様に，

$$\text{意思決定主体} j \text{の仮想的出力} = u_1 y_{1j} + u_2 y_{2j} + \cdots + u_s y_{sj} = \sum_{i=1}^{s} u_i y_{ij}$$

と定義される．このとき，意思決定主体 j の効率性の値は両者の比値，すなわち，

効率性の値＝仮想的出力／仮想的入力

で定義される．この意思決定主体の効率性の値は，入力ウェイト値 v_i $(i=1,\cdots,m)$ 及び出力ウェイト値 u_i $(i=1,\cdots,s)$ により影響される．したがって，所与の条件の下で，この効率性の値が最大になる（最適な）ウェイトを決める必要がある．

つぎに，考慮対象とする n 個の意思決定主体のうちから，任意に p $(1 \leq p \leq n)$ を選び，意思決定主体 p（すなわち，DMU_p）の効率性の値を最大化する最適化モデルを定義するとしよう．最適化モデルにおける目的関数は意思決定主体 p の効率性の値であるから，前述のとおり，その目的関数の値を θ で表すと，

$$\theta = \text{意思決定主体} p \text{の仮想的出力／意思決定主体} p \text{の仮想的入力}$$

つまり，

$$\theta = \frac{u_1 y_{1p} + u_2 y_{2p} + \cdots + u_s y_{sp}}{v_1 x_{1p} + v_2 x_{2p} + \cdots + v_m x_{mp}} \equiv \frac{\sum_{i=1}^{s} u_i y_{ip}}{\sum_{i=1}^{m} v_i x_{ip}}$$

第3章　多目的計画・分数計画モデル ― 線形計画モデルの拡張

と表される．すなわち，最適化モデルの目的関数は線形分数計画問題

$$\text{最大化} \quad \theta = \frac{u_1 y_{1p} + u_2 y_{2p} + \cdots + u_s y_{sp}}{v_1 x_{1p} + v_2 x_{2p} + \cdots + v_m x_{mp}} \left(\equiv \frac{\sum_{i=1}^{s} u_i y_{ip}}{\sum_{i=1}^{m} v_i x_{ip}} \right)$$

として表される．

つぎに，この最適化モデルの制約条件を述べる．先ず，目的関数の最適値を規準化する(一定の値を上限とする範囲に設定すること)制約が要求されており，このモデルでは，その上限値を1と設定するので，

$$\frac{u_1 y_{1j} + u_2 y_{2j} + \cdots + u_s y_{sj}}{v_1 x_{1j} + v_2 x_{2j} + \cdots + v_m x_{mj}} \leq 1 \quad (j = 1, \cdots, n)$$

と与えられる．その他の制約条件としては，以下の意思決定変数についての非負条件が設定されている．

$$v_1, v_2, \cdots, v_m \geq 0$$
$$u_1, u_2, \cdots, u_s \geq 0$$

以上より，DMU_p に係わる以下の分数計画問題（Fractional Programming problem: FPP_p）が定義される：

(FPP_p)

最大化
制約条件：

$$\theta = \frac{u_1 y_{1p} + u_2 y_{2p} + \cdots + u_s y_{sp}}{v_1 x_{1p} + v_2 x_{2p} + \cdots + v_m x_{mp}} \tag{3.1}$$

$$\frac{u_1 y_{1j} + u_2 y_{2j} + \cdots + u_s y_{sj}}{v_1 x_{1j} + v_2 x_{2j} + \cdots + v_m x_{mj}} \leq 1 \quad (j = 1, \cdots, n) \tag{3.2}$$

$$v_1, v_2, \cdots, v_m \geq 0 \tag{3.3}$$

$$u_1, u_2, \cdots, u_s \geq 0 \tag{3.4}$$

この種の最適化モデルは，目的関数及び一部の制約条件式が分数の形態であることから，分数計画モデルと呼ばれている．

Charnes and Cooper (1962) の論文において，見掛け上は非線形（分数で与えられる目的関数と一部の制約条件式は非線形である）ではあるが，仮想出力式及び仮想入力式は線形（多変数の一次式）で与えられていることに注目し，実際

は線形計画モデルとして表されることが示されている．以下においては，この分数計画問題は同値な線形計画問題（Linear Programming problem: LPP）として表されることを概観する（以下においては，刀根（1993），Charnes and Cooper（1962）を適宜参照した）．

上述した（FPP_p）に関連する以下の線形計画問題（LPP_p）を定義する：

（LPP_p）

最大化　　$\lambda = u_1 y_{1p} + u_2 y_{2p} + \cdots + u_s y_{sp}$　　　　　　　　　(3.5)
制約条件：

$$v_1 x_{1p} + v_2 x_{2p} + \cdots + v_m x_{mp} = 1 \quad (3.6)$$

$$u_1 y_{1j} + u_2 y_{2j} + \cdots + u_s y_{sj} \leq v_1 x_{1j} + v_2 x_{2j} + \cdots + v_m x_{mj} \quad (j=1,\cdots,n) \quad (3.7)$$

$$v_1, v_2, \cdots, v_m \geq 0 \quad (3.8)$$

$$u_1, u_2, \cdots, u_s \geq 0 \quad (3.9)$$

この最適化問題（LPP_p）は全ての数式表現が多変数の一次式で与えられているので，線形計画問題であることは分かる．以下の定理は Charnes, A. and Cooper, W.W（1962）により証明されているが，ここでは，その概要を章末に［補足3.1］として紹介する（刀根（1993）を参照のこと）．

CCR モデルは分数計画モデルとして定式化されたが，それに関連する線形計画問題の関係は以下の【定理3.1】におけるように，同値であることが示されている：

【定理3.1】分数計画問題（FPP_p）と線形計画問題（LPP_p）は同値である．

この数学的事実により，CCR モデルの最適解は比較的容易に求められることになる．

DEA における効率性については，その一般的概念として，"D 効率性" が以下のように定義されている（刀根（1993）などを参照のこと）．

【定義3.1】D 効率性：

分数計画問題（FPP_p）の最適値 θ^* の値について

① $\theta^* = 1$ のとき，意思決定主体 p は D 効率的であるという．

② $\theta^* < 1$ のとき,意思決定主体 p は D 非効率的であるという.

ここで,上記② $\theta^* < 1$ の場合を考える.このとき,制約条件式(3.2)において,全ての j についてこの制約条件式が等式で成立しない,つまり

$$\frac{u_1 y_{1j} + u_2 y_{2j} + \cdots + u_s y_{sj}}{v_1 x_{1j} + v_2 x_{2j} + \cdots + v_m x_{mj}} < 1 \quad (j = 1, \cdots, n)$$

であるとする.このとき,ある意思決定主体の効率値が最大値 α をとるならば,

$$\alpha = \max_{1 \leq j \leq n} \frac{u_1 y_{1j} + u_2 y_{2j} + \cdots + u_s y_{sj}}{v_1 x_{1j} + v_2 x_{2j} + \cdots + v_m x_{mj}} < 1$$

であることから,$\beta = 1 - \alpha > 0$ とおくと,

$$\frac{u_1 y_{1j} + u_2 y_{2j} + \cdots + u_s y_{sj}}{v_1 x_{1j} + v_2 x_{2j} + \cdots + v_m x_{mj}} + \beta \leq 1 \quad (j = 1, \cdots, n),\ \beta > 0$$

となる.したがって,評価対象の意思決定主体 p $(1 \leq p \leq n)$ に対しても

$$\bar{\theta} = \theta^* + \beta = \frac{u_1 y_{1p} + u_2 y_{2p} + \cdots + u_s y_{sp}}{v_1 x_{1p} + v_2 x_{2p} + \cdots + v_m x_{mp}} + \beta \leq 1$$

また,$\bar{\theta} = \theta^* + \beta > \theta^*$ であることから,より良い効率値 $\bar{\theta}$ が存在することになる.よって,(3.2)の制約条件式の中には,少なくとも 1 つの制約条件は等式として成立することが分かる.

そこで,評価対象である意思決定主体 p $(1 \leq p \leq n)$ の評価において,(3.2)式の制約条件式群のなかで,等式制約として成立する意思決定主体番号の集合を,意思決定主体 p の優位集合または参照集合と呼び,それは

$$E_p = \left\{ j \mid \sum_{l=1}^{s} u_l^* y_{lj} = \sum_{i=1}^{m} v_i^* x_{ij},\ j = 1, 2, \cdots, n \right\}$$

と定義される.この集合に属する意思決定主体は,$\theta^* < 1$ の場合,評価対象となっている意思決定主体 p を D 非効率と判定させる基準とみなすことができる.線形代数によると,これらの優位集合に属する意思決定主体により効率的フロンティアが形成され,優位集合に属する各意思決定主体はそれ自体 D 効率的であることを意味する(この詳細については刀根(1993),末吉(2001)等を参照されたい).

第2章において見たように，ある線形計画(主)問題にはその双対問題が存在する．よって，ある意思決定主体 p についての CCR モデルである線形計画問題(LPP_p)の双対問題を次に見ていくことにする．その線形計画問題は

(LPP_p)

最大化 　　　$\lambda = u_1 y_{1p} + u_2 y_{2p} + \cdots + u_s y_{sp}$ 　　　(3.5)

制約条件：

$$v_1 x_{1p} + v_2 x_{2p} + \cdots + v_m x_{mp} = 1 \tag{3.6}$$

$$u_1 y_{1j} + u_2 y_{2j} + \cdots + u_s y_{sj} \leq v_1 x_{1j} + v_2 x_{2j} + \cdots + v_m x_{mj} \quad (j=1,\cdots,n) \tag{3.7}$$

$$v_1, v_2, \cdots, v_m \geq 0 \tag{3.8}$$

$$u_1, u_2, \cdots, u_s \geq 0 \tag{3.9}$$

と与えられた．すなわち，

(LPP_p)

最大化 　　$\lambda = \mathbf{Y}_{*p}^\mathrm{T} \mathbf{u}$

制約条件：
$$\mathbf{X}_{*p}^\mathrm{T} \mathbf{v} = 1$$
$$\mathbf{Y}^\mathrm{T} \mathbf{u} \leq \mathbf{X}^\mathrm{T} \mathbf{v}$$
$$\mathbf{v} \geq 0, \ \mathbf{u} \geq 0$$

$\Rightarrow$

(LPP_p 主問題)

最大化 　　$\lambda = \begin{pmatrix} \mathbf{0}^\mathrm{T}, \mathbf{Y}_{*p}^\mathrm{T} \end{pmatrix} \begin{pmatrix} \mathbf{v} \\ \mathbf{u} \end{pmatrix}$

制約条件：
$$\begin{bmatrix} \mathbf{X}_{*p}^\mathrm{T} & \mathbf{0}^\mathrm{T} \\ -\mathbf{X}^\mathrm{T} & \mathbf{Y}^\mathrm{T} \end{bmatrix} \begin{pmatrix} \mathbf{v} \\ \mathbf{u} \end{pmatrix} \leq \begin{pmatrix} 1 \\ 0 \end{pmatrix}$$
$$\mathbf{v} \geq 0, \ \mathbf{u} \geq 0$$

よって，双対変数を t, $\mathbf{w}^\mathrm{T} = (w_1, w_2, \cdots, w_n)$ とするとき，対称型の双対性から，

(LPP_p 双対問題)

最小化　　　$\mu = \begin{pmatrix} t, \mathbf{w}^\mathrm{T} \end{pmatrix} \begin{pmatrix} 1 \\ 0 \end{pmatrix}$

制約条件：
$$\begin{pmatrix} t, \mathbf{w}^\mathrm{T} \end{pmatrix} \begin{bmatrix} \mathbf{X}_{*p}^\mathrm{T} & \mathbf{0}^\mathrm{T} \\ -\mathbf{X}^\mathrm{T} & \mathbf{Y}^\mathrm{T} \end{bmatrix} \geq \begin{pmatrix} \mathbf{0}^\mathrm{T}, \mathbf{Y}_{*p}^\mathrm{T} \end{pmatrix}$$
$$\mathbf{v} \geq 0, \ \mathbf{u} \geq 0$$

となる．この双対問題においては，目的関数値 μ は双対変数 t となるので，以下のような形をとることになる：

(LPPp 双対問題)：

最小化　t
制約条件：
$$t\mathbf{X}_{*p}^{T} - \mathbf{w}^{T}\mathbf{X}^{T} \geq \mathbf{0}^{T}$$
$$\mathbf{w}^{T}\mathbf{Y}^{T} - \mathbf{Y}_{*p}^{T} \geq \mathbf{0}^{T}$$
$$\mathbf{w} \geq \mathbf{0}$$

あるいは

最小化　t
制約条件：
$$t\mathbf{X}_{*p} - \mathbf{Xw} \geq \mathbf{0}$$
$$\mathbf{Yw} - \mathbf{Y}_{*p} \geq \mathbf{0}$$
$$\mathbf{w} \geq \mathbf{0}$$

ここで，(LPPp 双対問題) において，入力の余剰 $\mathbf{s}_x = t\mathbf{X}_{*p} - \mathbf{Xw}$ 及び出力の不足 $\mathbf{s}_y = \mathbf{Yw} - \mathbf{Y}_{*p}$ を定義し，この双対問題の最適値 t^* を求める (第 1 段階)．その最適値に対する双対問題の制約の下で，入力の余剰と出力の不足の和が最大になる解を求める (第 2 段階) LP を解く方法がある (刀根 (1993) を参照のこと)．なお，この第 2 段階で用いられる目的関数は，全ての要素が 1 であるベクトル $\mathbf{e}^{T} = (1, 1, \cdots, 1,)$ により，最大化 $\mathbf{e}^{T}\mathbf{s}_x + \mathbf{e}^{T}\mathbf{s}_y$ として与えられる．

一般的に，CCR モデルを解くには，主問題を直接扱うことは少ないとされている．その理由として，(1) LP の計算量は制約条件式の個数の数乗に比例して増加するとされ，主問題の制約条件式の個数 (n) は双対問題の制約条件式の個数 ($m+s$) の数倍となることが多いこと，(2) 主問題による解は D 効率値が得られるにとどまる (最大スラック解が得られない) ことなどがあげられる (この詳細については，刀根 (1993) を参照のこと)．

〔補足 3.1〕

2 つの最適化問題が同値であることを示すには，ⅰ) (LPP$_p$) の最適解が (FPP$_p$) の最適解であり双方の最適値は一致すること，ⅱ) (FPP$_p$) の最適解は (LPP$_p$) の最適解であり双方の最適値は一致すること (つまり，ⅰ) の逆も真であること)，以上 2 点を示すことに他ならない．ここで，分数計画問題 (FPP$_p$) の制約条件式 (3.2) において $v_i x_{ij} > 0\quad (i=1,\cdots,m)$，つまり，この制約条件式の分母の各項が全て正という仮定が設けられている (例えば，刀根 (1993) 参照)．

ⅰ) について：

この仮定が成立するならば，$v_1 x_{1j} + v_2 x_{2j} + \cdots + v_m x_{mj} > 0$，つまり m 個の正数の和は正数となるので，両辺にこの分母の値 $v_1 x_{1j} + v_2 x_{2j} + \cdots + v_m x_{mj}$ を乗ずることで，分数計画問題 (FPP$_p$) の制約条件式群 (3.7) を得ることになる．両者ともに

変数の非負条件は同一である．次いで，分数計画問題（FPP$_p$）の目的関数値は分数（つまり，分子／分母）という比値で定義されていることから，分子と分母にゼロでない同数を乗じても比値は変わらない．つまり，ある実数を $\alpha \neq 0$ とすると，

$$\theta = (分子の関数値) / (分母の関数値)$$
$$= (分子の関数値 \times \alpha) / (分母の関数値 \times \alpha)$$

であるので，$\alpha = 1 /$（分母の関数値）とし，分母の関数値 $v_1 x_{1p} + v_2 x_{2p} + \cdots + v_m x_{mp} = 1$ という制約条件式 (3.6) を加えることで $\alpha = 1$ となるので，

$$\theta = (分子の関数値) \times \alpha = 分子の関数値$$
$$= u_1 y_{1p} + u_2 y_{2p} + \cdots + u_s y_{sp} \equiv \lambda$$

となり，双方の目的関数値は $\theta = \lambda$ となることから，最適値も等しいことになる．

ⅱ）について：

分数計画問題（FPP$_p$）の最適解が存在するとし，その最適値を θ^*，最適解のベクトルを

$$\mathbf{u}^* = \left(u_1^*, u_2^*, \cdots, u_s^* \right), \quad \mathbf{v}^* = \left(v_1^*, v_2^*, \cdots, v_m^* \right)$$

と表すとする．入力値の最適ウェイト・ベクトル $\mathbf{v}^* = \left(v_1^*, v_2^*, \cdots, v_m^* \right)$ に対する (3.1) 式の分母の関数値を

$$t = v_1^* x_{1p} + v_2^* x_{2p} + \cdots + v_m^* x_{mp} \tag{3.10}$$

とし，$t > 0$ ならば，

$$\overline{\mathbf{v}} = \frac{\mathbf{v}^*}{t}, \quad \overline{\mathbf{u}} = \frac{\mathbf{u}^*}{t}$$

については，

$$\overline{\mathbf{v}} = \left(\overline{v}_1, \overline{v}_2, \cdots, \overline{v}_m \right) = \frac{\mathbf{v}^*}{t} = \left(\frac{v_1^*}{t}, \frac{v_2^*}{t}, \cdots, \frac{v_m^*}{t} \right)$$

$$\overline{\mathbf{u}} = \left(\overline{u}_1, \overline{u}_2, \cdots, \overline{u}_s \right) = \frac{\mathbf{u}^*}{t} = \left(\frac{u_1^*}{t}, \frac{u_2^*}{t}, \cdots, \frac{u_s^*}{t} \right)$$

であるので，(3.10) 式により

$$\overline{v}_1 x_{1p} + \overline{v}_2 x_{2p} + \cdots + \overline{v}_m x_{mp} = \frac{1}{t} \left(v_1^* x_{1p} + v_2^* x_{2p} + \cdots + v_m^* x_{mp} \right) = \frac{1}{t} \times t = 1$$

第3章 多目的計画・分数計画モデル — 線形計画モデルの拡張

であり，$\bar{\mathbf{v}} = (\bar{v}_1, \bar{v}_2, \cdots, \bar{v}_m)$ は制約条件式 (3.6) を満たすことが分かる．同様に，$\mathbf{u}^*, \mathbf{v}^*$ は分数計画問題（FPP$_p$）の最適な出力・入力ウェイト・ベクトルゆえ，制約条件式 (3.2) 及び前述の仮定を満たすので，$1 \leq j \leq n$ の全ての j に対して，

$$\bar{u}_1 y_{1j} + \bar{u}_2 y_{2j} + \cdots + \bar{u}_s y_{sj}$$
$$= \frac{1}{t}\left(u_1^* y_{1j} + u_2^* y_{2j} + \cdots + u_s^* y_{sj}\right) \leq \frac{1}{t}\left(v_1^* x_{1j} + v_2^* x_{2j} + \cdots + v_s^* x_{mj}\right)$$

すなわち，

$$\bar{u}_1 y_{1j} + \bar{u}_2 y_{2j} + \cdots + \bar{u}_s y_{sj} \leq \bar{v}_1 x_{1j} + \bar{v}_2 x_{2j} + \cdots + \bar{v}_m x_{mj}$$

であることが分かり，制約条件式群 (3.7) を $\bar{\mathbf{v}} = (\bar{v}_1, \bar{v}_2, \cdots, \bar{v}_m)$，$\bar{\mathbf{u}} = (\bar{u}_1, \bar{u}_2, \cdots, \bar{u}_s)$ は満たす．

最後に，分数計画問題（FPP$_p$）の最適値については，$\theta^* = \dfrac{\sum_{j=1}^{s} u_j^* y_{jp}}{\sum_{j=1}^{m} v_j^* x_{jp}}$ であることから，

$$\theta^* = \frac{\sum_{j=1}^{s} u_j^* y_{jp}}{\sum_{j=1}^{m} v_j^* x_{jp}} = \frac{\sum_{j=1}^{s} u_j^* y_{jp}}{t} = \sum_{j=1}^{s} \frac{u_j^*}{t} y_{jp} = \sum_{j=1}^{s} \bar{u}_j y_{jp}$$

ここで，制約条件 (3.6) のもとで線形計画問題（LPP$_p$）を解くならば，$t=1$ に制約されるので，$\theta^* = \lambda^*$ となることが分かる（以上，定理 3.1 の証明の概要）．

第4章
2次計画モデル
――非線形計画モデルへの拡張

　本章においては，第2章の線形計画モデルの拡張として，制約条件式群は線形であるが，目的関数が非線形な2次計画（Quadratic Programming）意思決定モデルを扱う．その必要性としては，次章で述べる'ポートフォリオ選択問題（Portfolio Selection Problems）'における投資リスクが，投資意思決定変数の2次形式（quadratic form）として表現されるマーコヴィッツ（Markowitz, H.）の基本モデルを扱うことがあげられる．

　第2章では，経営資源の最適配分意思決定問題を線形計画モデルによりながめた．また，2.3節において制約条件は2つのタイプにより大別されることを述べた．すなわち，制約条件がタイプ i) の場合は

　　　　資源の利用状況　≦　利用可能な上限値

であり，制約条件がタイプ ii) の場合は，

　　　　資源の利用状況　≧　要求水準の下限値

であることを述べた．線形性の意味するところから，線形計画モデルにおいては，上記関係左辺の'資源の利用状況'は線形（1次）の式であり，タイプ i) の場合は

$$\sum_{j=1}^{n} a_{ij} x_j = a_{i1}x_1 + a_{i2}x_2 + \cdots + a_{in}x_n \leq b_i$$

であり，タイプ ii) の場合は

$$\sum_{j=1}^{n} a_{ij} x_j = a_{i1} x_1 + a_{i2} x_2 + \cdots + a_{in} x_n \geq b_i$$

と表された．また，最適な資源配分を決める目的関数も

$$\sum_{j=1}^{n} c_j x_j = c_1 x_1 + c_2 x_2 + \cdots c_n x_n$$

という 1 次式で与えられた．

　ここで，線形でない（非線形）モデルの取り扱いにおいては，その資源の利用状況の値は n 個の意思決定変数で定義される関数 $h_i(x_1, x_2, \cdots, x_n)$ として資源の利用状況の値が一般的には表されることになる．明らかに，上述の線形計画モデルでは，$\sum_{j=1}^{n} a_{ij} x_j = h_i(x_1, x_2, \cdots, x_n)$ ということになる．したがって，一般的には，タイプ i ）の制約条件は $h_i(x_1, x_2, \cdots, x_n) \leq b_i$，タイプ ii ）の制約条件は $h_i(x_1, x_2, \cdots, x_n) \geq b_i$ と表されることになる．同様に，目的関数の値も n 個の意思決定変数で定義される関数 $f(x_1, x_2, \cdots, x_n)$ により与えられるとすると，線形計画モデルでは $\sum_{j=1}^{n} c_j x_j = f(x_1, x_2, \cdots, x_n)$ である．

　一般的に，非線形計画モデル（Nonlinear Programming Models）は

最大化 　　　$z = f(x_1, x_2, \cdots, x_n)$
制約条件：
$$h_i(x_1, x_2, \cdots, x_n) \leq b_i \quad \text{（タイプ i ）の制約}i)$$
$$h_i(x_1, x_2, \cdots, x_n) \geq b_i \quad \text{（タイプ ii ）の制約}i)$$
$$x_1, x_2, \cdots, x_n \geq 0$$

と表される．上記のように制約条件の一部として非負条件も考慮されることが多い．また，変数ベクトル $\mathbf{x}^{\mathrm{T}} = (x_1, x_2, \cdots, x_n)$ により上記モデルを表記するならば，n 個の意思決定変数で定義される関数 $f(x_1, x_2, \cdots, x_n)$ は

$$f(x_1, x_2, \cdots, x_n) \equiv f(\mathbf{x})$$

と表される．この表記法により全体を表記すると，この非線形計画モデルは

最大化　　　$z = f(\mathbf{x})$
制約条件：
　　　　　　　$h_i(\mathbf{x}) \leq b_i$　　　（タイプ ⅰ）の制約 i
　　　　　　　$h_i(\mathbf{x}) \geq b_i$　　　（タイプ ⅱ）の制約 i
　　　　　　　　$\mathbf{x} \geq 0$

と簡潔に表記される．

4.1　非線形計画モデルの数学的基礎

　本節では，以下の説明において必要とされる n 次元空間の幾何的側面についての基礎的な内容を中心にレビューすることにする．

　2次元平面においては，2つのベクトル $\mathbf{a}^\mathrm{T} = (a_1, a_2)$, $\mathbf{b}^\mathrm{T} = (b_1, b_2)$ は座標平面上の2点として表され，$\sqrt{(a_1 - b_1)^2 + (a_2 - b_2)^2} \equiv \left((a_1 - b_1)^2 + (a_2 - b_2)^2\right)^{1/2}$ はその2点間の距離（distance）として定義される．さらに，座標平面上のこれらの2点を表すベクトルの差 $\mathbf{c}$ は $\mathbf{c} = \mathbf{a} - \mathbf{b}$ で与えられ，ベクトル $\mathbf{c}$ の大きさが2点間の距離となる．

　これらの定義は n 次元空間においても拡張され適用される．n 次元のベクトル $\mathbf{a}^\mathrm{T} = (a_1, a_2, \cdots, a_n)$, $\mathbf{b}^\mathrm{T} = (b_1, b_2, \cdots, b_n)$ は n 次元空間の2点を表すとみなせる．この2点間の距離を $|\mathbf{a} - \mathbf{b}|$ と表すと，

$$|\mathbf{a} - \mathbf{b}| = (\mathbf{a} - \mathbf{b})^\mathrm{T}(\mathbf{a} - \mathbf{b}) = \left(\sum_{j=1}^{n}(a_j - b_j)^2\right)^{1/2} \tag{4.1}$$

により定義される．このような距離により定義される n 次元空間は n 次元ユークリッド空間（n-dimensional Euclidean space）と呼ばれ，E^n と表記される．

　ある関数 $f(\mathbf{x})$ が点 $\mathbf{x}^0$ において連続（continuous）であるとは，その関数値 $f(\mathbf{x}^0)$ が存在し，点 $\mathbf{x}^0$ の δ 近傍の大きさを十分に小さくすることにより，その近傍内の任意の点 $\mathbf{x}$ に対して，その関数値 $f(\mathbf{x})$ の値が $f(\mathbf{x}^0)$ に限

りなく近づくことをいう[1]．関数 $f(\mathbf{x}) = f(x_1, x_2, \cdots, x_n)$ に対して，ある点 $\mathbf{x}^0 = \left(x_1^0, x_2^0, \cdots, x_n^0\right)$ における変数 x_j に関する偏微分係数（partial derivative）は，(4.2)の極限値が存在するならば（即ち，変数 x_j 以外の変数はそのままで，関数 $f(\mathbf{x})$ を変数 x_j で微分する操作）

$$\frac{\partial f\left(\mathbf{x}^0\right)}{\partial x_j} \equiv \lim_{t \to 0} \frac{f\left(x_1^0, \cdots, x_{j-1}^0, x_j^0 + t, x_{j+1}^0, \cdots, x_n^0\right) - f\left(\mathbf{x}^0\right)}{t}$$
$$= \lim_{t \to 0} \frac{f\left(\mathbf{x}^0 + t\mathbf{e}_j\right) - f\left(\mathbf{x}^0\right)}{t} \tag{4.2}$$

と定義される．ここで，$\mathbf{e}_j^\mathrm{T} = (0, \cdots 0, 1, 0 \cdots 0)$ は j 番目の要素のみが 1 であり，残りの要素値は全てが 0 である単位ベクトルを表す．また，関数 $f(\mathbf{x})$ が点 $\mathbf{x}^0$ において，全ての変数 $x_j\ (j = 1, 2, \cdots n)$ に対して偏微分係数が存在し，点 $\mathbf{x}^0$ の近傍においてそれらが連続ならば，関数 $f(\mathbf{x})$ は点 $\mathbf{x}^0$ において連続的に微分可能であるという．E^n の部分集合 F が定義され，$\mathbf{x} \in F$ に対して，関数 $f(\mathbf{x})$ が微分可能であるならば，関数 $f(\mathbf{x})$ の各変数についての偏微分係数を要素とする n 次元ベクトルは勾配ベクトル（gradient vector）と呼ばれ，

$$\nabla f(\mathbf{x})^\mathrm{T} = \left(\frac{\partial f(\mathbf{x})}{\partial x_1}, \frac{\partial f(\mathbf{x})}{\partial x_2}, \cdots, \frac{\partial f(\mathbf{x})}{\partial x_n}\right) \tag{4.3}$$

と定義される．さらに，関数 $f(\mathbf{x})$ が 2 回微分可能（さらに，もう 1 回微分可能）であるならば，勾配ベクトルの各要素をそれぞれの変数 $x_j\ (j = 1, 2, \cdots n)$ で偏微分が可能であることになる．例えば，第 1 番目の要素 $\frac{\partial f(\mathbf{x})}{\partial x_1}$ を変数 x_1 で偏微分すると $\frac{\partial}{\partial x_1}\left(\frac{\partial f(\mathbf{x})}{\partial x_1}\right)$ となり，これを $\frac{\partial^2 f(\mathbf{x})}{\partial x_1 \partial x_1}$ と表すとき，変数 $x_1, x_2, \cdots, x_n$

---

[1] ある点 $\mathbf{x}_0$ の δ-近傍（δ neighborhood）とは，任意の $\delta > 0$ に対して，集合 $X = \left\{\mathbf{x} \mid |\mathbf{x} - \mathbf{x}^0| < \delta\right\}$ により定義される．δ は近傍内の任意の $\mathbf{x}$ と $\mathbf{x}^0$ の最大の距離とみなそう．これらのより正確な定義は Hadley(1970), Bazaraa et al(1990)等を参照のこと．

のそれぞれについて $\dfrac{\partial f(\mathbf{x})}{\partial x_1}$ を偏微分すると，以下の n 個の 2 次偏微分係数が勾配ベクトルの第 1 番目の要素 $\dfrac{\partial f(\mathbf{x})}{\partial x_1}$ から得られる：

$$\dfrac{\partial^2 f(\mathbf{x})}{\partial x_1 \partial x_1}, \dfrac{\partial^2 f(\mathbf{x})}{\partial x_1 \partial x_2}, \ldots, \dfrac{\partial^2 f(\mathbf{x})}{\partial x_1 \partial x_n}$$

したがって，勾配ベクトルの各要素について，2 次偏微分係数を求め，以下のような $(n \times n)$ 行列 $\mathbf{H}_f$ として表す．

$$\mathbf{H}_f(\mathbf{x}) \equiv \begin{bmatrix} \dfrac{\partial^2 f(\mathbf{x})}{\partial x_1 \partial x_1} & \dfrac{\partial^2 f(\mathbf{x})}{\partial x_1 \partial x_2} & \cdots & \dfrac{\partial^2 f(\mathbf{x})}{\partial x_1 \partial x_n} \\ \dfrac{\partial^2 f(\mathbf{x})}{\partial x_2 \partial x_1} & \dfrac{\partial^2 f(\mathbf{x})}{\partial x_2 \partial x_2} & \cdots & \dfrac{\partial^2 f(\mathbf{x})}{\partial x_2 \partial x_n} \\ \vdots & \vdots & \ddots & \vdots \\ \dfrac{\partial^2 f(\mathbf{x})}{\partial x_n \partial x_1} & \dfrac{\partial^2 f(\mathbf{x})}{\partial x_n \partial x_2} & \cdots & \dfrac{\partial^2 f(\mathbf{x})}{\partial x_n \partial x_n} \end{bmatrix} \tag{4.4}$$

この行列は関数 $f(\mathbf{x})$ のヘッセ行列（Hessian matrix）と呼ばれる．また，2 次の偏微分（2 回偏微分の操作実施）を表す意味で $\nabla^2 f(\mathbf{x})$ と表記されることもある．また，2 次偏微分係数が連続であるなら，全ての i, j について

$$\dfrac{\partial^2 f(\mathbf{x})}{\partial x_i \partial x_j} = \dfrac{\partial^2 f(\mathbf{x})}{\partial x_j \partial x_i}$$

である（証明は略す）ことから，ヘッセ行列は対称行列（symmetric matrix）となる[2]．

つぎに，ここまで述べてきたことを以下の簡単な数値例により確認してみる．

＜数値例 4.1 ＞

3 変数 $\mathbf{x}^\mathrm{T} = (x_1, x_2, x_3)$ で表される 2 次関数 $f(\mathbf{x})$ を

$$f(\mathbf{x}) = x_1^2 + 2x_2^2 + 1/2\, x_3^2 - 2x_1 x_2 + x_2 x_3 - 2x_1 + 3x_2 - x_3 + 8$$

---

[2] 対称行列とは，行列の対角線上の要素に関して対称の位置にある要素は同じ値をもつ．つまり，$a_{ij} = a_{ji}$ という性質をもつ．

としよう．このとき，$f(\mathbf{x})$ は各変数 x_1, x_2, x_3 の2次式であるから連続であり，微分可能である．実際に各変数 x_1, x_2, x_3 について偏微分を行なうと，

$$\frac{\partial f(\mathbf{x})}{\partial x_1} = \frac{\partial}{\partial x_1}(x_1^2) + (-2x_2)\frac{\partial}{\partial x_1}(x_1) + (-2)\frac{\partial}{\partial x_1}(x_1) = 2x_1 - 2x_2 - 2$$

$$\frac{\partial f(\mathbf{x})}{\partial x_2} = 4x_2 - 2x_1 + x_3 + 3$$

$$\frac{\partial f(\mathbf{x})}{\partial x_3} = x_3 + x_2 - 1$$

となるので，勾配ベクトル $\nabla f(\mathbf{x})$ は

$$\nabla f(\mathbf{x})^{\mathrm{T}} = (2x_1 - 2x_2 - 2,\ 4x_2 - 2x_1 + x_3 + 3,\ x_3 + x_2 - 1)$$

となる．つぎに，それぞれの変数について2次偏微分係数を求めると，

$$\frac{\partial^2 f(\mathbf{x})}{\partial x_1 \partial x_1} = \frac{\partial}{\partial x_1}\left(\frac{\partial f(\mathbf{x})}{\partial x_1}\right) = \frac{\partial}{\partial x_1}(2x_1 - 2x_2 - 2) = \frac{\partial}{\partial x_1}(2x_1) = 2,$$

$$\frac{\partial^2 f(\mathbf{x})}{\partial x_1 \partial x_2} = \frac{\partial}{\partial x_2}\left(\frac{\partial f(\mathbf{x})}{\partial x_1}\right) = \frac{\partial}{\partial x_2}(2x_1 - 2x_2 - 2) = -2, \quad \frac{\partial^2 f(\mathbf{x})}{\partial x_1 \partial x_3} = 0$$

$$\frac{\partial^2 f(\mathbf{x})}{\partial x_2 \partial x_1} = -2, \quad \frac{\partial^2 f(\mathbf{x})}{\partial x_2 \partial x_2} = 4, \quad \frac{\partial^2 f(\mathbf{x})}{\partial x_2 \partial x_3} = 1$$

$$\frac{\partial^2 f(\mathbf{x})}{\partial x_3 \partial x_1} = 0, \quad \frac{\partial^2 f(\mathbf{x})}{\partial x_3 \partial x_2} = 1, \quad \frac{\partial^2 f(\mathbf{x})}{\partial x_3 \partial x_3} = 1$$

となるので，ヘッセ行列 $\mathbf{H}_f$ は

$$\mathbf{H}_f(\mathbf{x}) = \begin{bmatrix} 2 & -2 & 0 \\ -2 & 4 & 1 \\ 0 & 1 & 1 \end{bmatrix} \tag{4.5}$$

である．前述のとおり，関数 $f(\mathbf{x})$ のヘッセ行列は対称行列であることが分かる．また，2次関数の場合，ヘッセ行列は(変数に依存しない)定数行列となる．

n 次元の点集合 S の要素である異なる2点 $\mathbf{x}_1, \mathbf{x}_2$ の凸結合（convex combination）とは，$0 \leq \mu \leq 1$ である任意の実数 μ に対して，

$$\mathbf{x} = (1-\mu)\mathbf{x}_1 + \mu\mathbf{x}_2 \tag{4.6}$$

で与えられる点 **x** のことをいう．(図 4.1) に示されているように，点 **x** は実数 μ の値に応じて定義される異なる 2 点 $\mathbf{x}_1, \mathbf{x}_2$ を結ぶ直線上の点を表す．

ある有界かつ閉じた集合 S が凸集合（convex set）であるとは，$\mathbf{x}_1 \in S, \mathbf{x}_2 \in S$ である集合 S の任意の 2 つの要素[3]に対して，それらの要素の凸結合で与えられる点 **x** は $\mathbf{x} \in S$（つまり，集合 S の要素）となることをいう．(図 4.1) のように，集合 S が凸集合であるならば，集合 S に属する 2 つの要素 $\mathbf{x}_1 \in S, \mathbf{x}_2 \in S$ を任意に選ぶとき，その 2 点を結ぶ直線上の全ての点が，集合内部（境界も含む）にあることを意味する．

ある凸集合 X の 2 つの要素 $\mathbf{x}_1 \in X, \mathbf{x}_2 \in X$ が与えられ，$0 \leq \mu \leq 1$ である全ての実数 μ の値に対して

$$f(\mu \mathbf{x}_2 + (1-\mu)\mathbf{x}_1) \geq \mu f(\mathbf{x}_2) + (1-\mu) f(\mathbf{x}_1) \tag{4.7}$$

であるならば，関数 $f(\mathbf{x})$ は凸集合 X において凹（concave）[4]関数（または，上に凸な関数）であるという．同様に，$\mathbf{x}_1 \in X, \mathbf{x}_2 \in X$ が与えられ，$0 \leq \mu \leq 1$ である全ての実数 μ の値に対して

$$f(\mu \mathbf{x}_2 + (1-\mu)\mathbf{x}_1) \leq \mu f(\mathbf{x}_2) + (1-\mu) f(\mathbf{x}_1) \tag{4.8}$$

であるならば，関数 $f(\mathbf{x})$ は凸集合 X において凸（convex）[5]関数であるという．

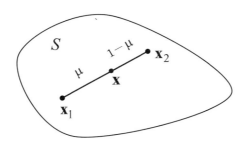

図 4.1　集合 S の要素である 2 点の凸結合

---

[3] ある集合 S に対して，**x** がその集合の要素（その集合に属する対象）であることを $\mathbf{x} \in S$ と表す．
[4] '凹（おう）' と同義語として，'上に凸（とつ）' という用語も利用される
[5] 凹関数を '上に凸' と呼ぶ場合との関連で，上述の凸関数のことを '下に凸' な関数という用語を用いる場合もある．

凹関数，凸関数に関する基本的な性質を以下に挙げてみる：

<性質1> ある関数 $f(\mathbf{x})$ が凹（あるいは，上に凸な）関数であるならば，$-f(\mathbf{x})$ は凸関数である（その逆の場合も同様である）．
（∵ (4.8)式の両辺にマイナス記号を乗じ，$g \equiv -f$ と置換すると，関数 g は(4.7)式を満たす）

<性質2> 凹関数の和で与えられる関数は凹関数である（証明略）．
すなわち，$g_1(\mathbf{x}), g_2(\mathbf{x}), \cdots, g_m(\mathbf{x})$ が凹関数であれば，$f(\mathbf{x}) = \sum_{i=1}^{m} g_i(\mathbf{x})$ で定義される関数 $f(\mathbf{x})$ は凹関数となる（当然のことながら，この性質は凸関数の和に対しても成り立つ）．

<性質3> 線形関数は凸及び凹（上に凸な）関数である．
（∵ $f(\mathbf{x}) \equiv \mathbf{c}^T \mathbf{x}$ であるなら，
$f(\mu \mathbf{x}_2 + (1-\mu)\mathbf{x}_1) = \mathbf{c}^T(\mu \mathbf{x}_2 + (1-\mu)\mathbf{x}_1) = \mu \mathbf{c}^T \mathbf{x}_2 + (1-\mu)\mathbf{c}^T \mathbf{x}_1 = \mu f(\mathbf{x}_2) + (1-\mu)f(\mathbf{x}_1)$
である）

1変数の凹関数 $y = f(x)$ の幾何的な特徴は（図4.2）のように表される：

（図4.2）において，ある $0 \leq \mu \leq 1$ に対して，点 x_μ は2点 x_1, x_2 の凸結合で表さ

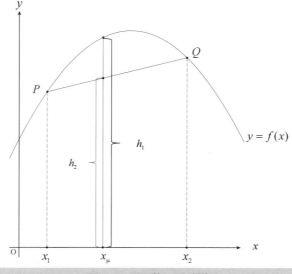

図4.2　凹関数の図示例

れる点である(つまり，$(x_\mu - x_1):(x_2 - x_\mu) = \mu:(1-\mu)$ の内分比点である). 同図より, $h_1 = f(x_\mu) = f(\mu x_2 + (1-\mu)x_1)$ である. また, 線分 $\overline{PQ}$ 上の点 x_μ における y 座標の値が h_2 となるので, 線形性から $h_2 = \mu f(x_2) + (1-\mu)f(x_1)$ であることが分かる. よって, (図 4.2) より, (4.7) 式の関係が成り立つことが図式的に確認できる. つまり, この関係が成立することは, 凹関数を表す曲線上の 2 点を結ぶ直線(図上では線分 $\overline{PQ}$)は, 曲線の下に位置することを意味している.

4.2　2 次形式と関数のテイラー展開

n 次元の変数 $\mathbf{x}$ の 2 次形式 (quadratic form) とは, ある n 次の対称行列 $\mathbf{D} = \|d_{ij}\|$ に対して, $z = f(\mathbf{x}) = \mathbf{x}^T \mathbf{D} \mathbf{x}$ で定義される関数である. すなわち,

$$\begin{aligned}
z = f(\mathbf{x}) &= \mathbf{x}^T \mathbf{D} \mathbf{x} \\
&= (x_1, x_2, \cdots, x_n) \begin{bmatrix} d_{11} & \cdots & d_{1n} \\ \vdots & \ddots & \vdots \\ d_{n1} & \cdots & d_{nn} \end{bmatrix} \begin{pmatrix} x_1 \\ x_2 \\ \vdots \\ x_n \end{pmatrix} \\
&= \sum_{i=1}^{n} \sum_{j=1}^{n} d_{ij} x_i x_j = \sum_{j=1}^{n} d_{jj} x_j^2 + 2 \sum_{j>i} d_{ij} x_i x_j
\end{aligned} \quad (4.9)$$

で与えられる. (4.9) 式において, $\sum_{j>i} d_{ij} x_i x_j = \sum_{i=1}^{n-1} \sum_{j>i}^{n} d_{ij} x_i x_j$ を表している. つぎに, 関数 $z = f(\mathbf{x})$ の勾配ベクトルをもとめてみる. (4.9)式より

$$z = f(\mathbf{x}) = \mathbf{x}^T \mathbf{D} \mathbf{x} = \sum_{j=1}^{n} d_{jj} x_j^2 + 2 \sum_{j>i} d_{ij} x_i x_j$$

であるから,

$$\begin{aligned}
\frac{\partial f(\mathbf{x})}{\partial x_j} &= \sum_{k=1}^{n} d_{kk} \frac{\partial}{\partial x_j}(x_k^2) + 2 \sum_{i=1}^{n-1} \sum_{k=i+1}^{n} d_{ij} \frac{\partial}{\partial x_j}(x_i x_k) \\
&= d_{jj}(2 x_j) + 2 \sum_{i=1, i \neq j}^{n} d_{ij} x_i \\
&= 2 \sum_{i=1}^{n} d_{ij} x_i
\end{aligned} \quad (4.10)$$

以上から，

$$\nabla f(\mathbf{x})^{\mathrm{T}} = 2\,\mathbf{x}^{\mathrm{T}}\mathbf{D} \tag{4.11}$$

と表されることが分かった．ヘッセ行列については，(4.10)式より，

$$\frac{\partial^2 f(\mathbf{x})}{\partial x_i \partial x_j} = 2\,d_{ij}$$

すなわち，

$$\mathbf{H}_f(\mathbf{x}) = 2\,\mathbf{D} \tag{4.12}$$

となる．

以上の確認として，3 変数（つまり $n=3$）の 2 次形式を展開してみよう．そこで，(4.9)式において $n=3$ とすると，

$$\begin{aligned}
z = f(\mathbf{x}) &= \mathbf{x}^{\mathrm{T}}\mathbf{D}\mathbf{x} \\
&= (x_1, x_2, x_3)\begin{bmatrix} d_{11} & d_{12} & d_{13} \\ d_{21} & d_{22} & d_{23} \\ d_{31} & d_{32} & d_{33} \end{bmatrix}\begin{pmatrix} x_1 \\ x_2 \\ x_3 \end{pmatrix} \\
&= \sum_{i=1}^{3}\sum_{j=1}^{3} d_{ij} x_i x_j \\
&= \sum_{j=1}^{3} d_{jj} x_j^2 + 2\sum_{i=1}^{2}\sum_{j>i} d_{ij} x_i x_j \\
&= d_{11}x_1^2 + d_{22}x_2^2 + d_{33}x_3^2 + 2(d_{12}x_1 x_2 + d_{13}x_1 x_3 + d_{23}x_2 x_3)
\end{aligned}$$

である．ここで，行列 $\mathbf{D}$ は対称行列（つまり，全ての i,j に対して $d_{ij} = d_{ji}$）であるので，

$$\frac{\partial f(\mathbf{x})}{\partial x_1} = 2d_{11}x_1 + 2(d_{12}x_2 + d_{13}x_3) = 2(d_{11}x_1 + d_{21}x_2 + d_{31}x_3)$$

と表される．同様に，

$$\frac{\partial f(\mathbf{x})}{\partial x_2} = 2d_{22}x_2 + 2(d_{12}x_1 + d_{23}x_3) = 2(d_{12}x_1 + d_{22}x_2 + d_{32}x_3)$$

$$\frac{\partial f(\mathbf{x})}{\partial x_3} = 2d_{33}x_3 + 2(d_{13}x_1 + d_{23}x_2) = 2(d_{13}x_1 + d_{23}x_2 + d_{33}x_3)$$

として得られることになる.また,2 次偏導関数についてもこれらの 1 次偏導関数をもとに,さらに各変数について偏微分係数を求めることができる.その結果として得られるヘッセ行列についても要素の対称性を考慮すると

$$\frac{\partial^2 f}{\partial x_1 \partial x_1} = 2d_{11}, \quad \frac{\partial^2 f}{\partial x_1 \partial x_2} = 2d_{21} = 2d_{12}, \quad \frac{\partial^2 f}{\partial x_1 \partial x_3} = 2d_{31} = 2d_{13}$$

$$\frac{\partial^2 f}{\partial x_2 \partial x_1} = 2d_{12} = 2d_{21}, \quad \frac{\partial^2 f}{\partial x_2 \partial x_2} = 2d_{22}, \quad \frac{\partial^2 f}{\partial x_2 \partial x_3} = 2d_{32} = 2d_{23}$$

$$\frac{\partial^2 f}{\partial x_3 \partial x_1} = 2d_{13} = 2d_{31}, \quad \frac{\partial^2 f}{\partial x_3 \partial x_2} = 2d_{23} = 2d_{32}, \quad \frac{\partial^2 f}{\partial x_3 \partial x_3} = 2d_{33}$$

であるから,$\mathbf{H}_f(\mathbf{x}) = 2\mathbf{D}$ となる.

2 変数の 2 次形式の例として,$f_1(x_1, x_2) = x_1^2 + x_2^2 + 2x_1x_2$ がある.この場合,$f_1(x_1, x_2) = (x_1 + x_2)^2$ で表されるので,$(x_1, x_2) = (0, 0)$ を除く全ての点 (x_1, x_2) に対して,$f_1(x_1, x_2) = (x_1 + x_2)^2 > 0$ となる.また,$f_2(x_1, x_2) = x_1^2 + x_2^2 - 2x_1x_2$ の場合は,同様に,$f_2(x_1, x_2) = (x_1 - x_2)^2 \geq 0$ であるが,$x_1 = x_2$ であれば $f_2(x_1, x_2) = 0$ となる.一般の n 変数の場合にも,2 次形式の値の符号について定義が与えられている.以下に関連する基本的な定義[6]をいくつか紹介する:

● 正定値(positive definite)及び半正定値(positive semidefinite)の定義:

2 次形式 $\mathbf{x}^T\mathbf{D}\mathbf{x}$ は,$\mathbf{x} \neq \mathbf{0}$ の全ての点 $\mathbf{x}$ に対して $\mathbf{x}^T\mathbf{D}\mathbf{x} > 0$ であるなら,正定値であるという.また,全ての点 $\mathbf{x}$ に対して,$\mathbf{x}^T\mathbf{D}\mathbf{x} \geq 0$ であり,$\mathbf{x} = \mathbf{0}$ でない $\mathbf{x}^T\mathbf{D}\mathbf{x} = 0$ となる点 $\mathbf{x}$ が存在するとき,2 次形式は半正定値であるという.

● 負定値(negative definite)及び半負定値(negative semidefinite)の定義:

2 次形式 $\mathbf{x}^T\mathbf{D}\mathbf{x}$ は,$\mathbf{x} \neq \mathbf{0}$ の全ての点 $\mathbf{x}$ に対して $\mathbf{x}^T\mathbf{D}\mathbf{x} < 0$ であるなら,負定値であるという.また,全ての点 $\mathbf{x}$ に対して,$\mathbf{x}^T\mathbf{D}\mathbf{x} \leq 0$ であり,$\mathbf{x} = \mathbf{0}$ で

---

[6] 固有値,固有ベクトル,固有方程式などの固有値問題についての詳細は線形代数の教科書(例えば,安藤他(1984))等を参照されたい.

ない $\mathbf{x}^\mathrm{T}\mathbf{D}\mathbf{x} = 0$ となる点 $\mathbf{x}$ が存在するとき，2次形式は半負定値であるという．

2次形式の符号を知るうえでは，正方行列 $\mathbf{D}$ の固有値（characteristic values または eigenvalues）により判定することが可能であることが知られているので，つぎに関連する用語の定義を以下に紹介する：

●固有値問題（characteristic value problem）に関連する用語の定義：
正方行列 $\mathbf{D}$ と実数の変数 λ について $\mathbf{D}\mathbf{x} = \lambda\mathbf{x}$ という関係を満たす λ と $\mathbf{x} \neq \mathbf{0}$ であるベクトル $\mathbf{x}$ を求める問題を固有値問題という．この関係を満たす解 λ は行列 $\mathbf{D}$ の固有値と呼ばれる．$\mathbf{D}\mathbf{x} = \lambda\mathbf{x}$ という関係は $(\mathbf{D} - \lambda\mathbf{I}_n)\mathbf{x} = \mathbf{0}$ という関係と同値なので，行列 $(\mathbf{D} - \lambda\mathbf{I}_n)$ の行列式 $\det(\mathbf{D} - \lambda\mathbf{I}_n)$ の値がゼロであるときに限り，$\mathbf{x} \neq \mathbf{0}$ である解 $\mathbf{x}$ の存在が線形代数の基本定理として知られている（ここで，$\mathbf{I}_n$ は n 次の単位行列を表す）．行列式の定義から，$\det(\mathbf{D} - \lambda\mathbf{I}_n)$ は変数 λ の n 次多項式で表され，この多項式は行列 $\mathbf{D}$ の固有多項式（characteristic polynomial）と呼ばれる．ここで，この n 次多項式を $f(\lambda)$ と表すとき，固有値 λ は固有方程式（characteristic equation）$f(\lambda) \equiv \det(\mathbf{D} - \lambda\mathbf{I}_n) = 0$ の解として得られる．すなわち，固有値 λ を求めることは変数 λ の固有方程式である n 次方程式の根を求める必要がある．

以上の確認のために，＜数値例 4.1＞のヘッセ行列 $\mathbf{H}_f$（これは (4.5) 式で与えられている）について，上述の定義に基づき固有方程式を求めてみる．この数値例では，$n = 3$ の場合である 3 変数 x_1, x_2, x_3 からなる 2 次関数であるので，ヘッセ行列は (3×3) の正方対称行列である：（次式は (4.5) 式の再掲である）

$$\mathbf{H}_f(\mathbf{x}) = \mathbf{H}_f = \begin{bmatrix} 2 & -2 & 0 \\ -2 & 4 & 1 \\ 0 & 1 & 1 \end{bmatrix}$$

固有値を求める変数を λ とすると，先ず行列 $(\mathbf{H}_f - \lambda\mathbf{I}_3)$ は

$$\mathbf{H}_f - \lambda \mathbf{I}_3 = \begin{bmatrix} 2 & -2 & 0 \\ -2 & 4 & 1 \\ 0 & 1 & 1 \end{bmatrix} - \lambda \begin{bmatrix} 1 & 0 & 0 \\ 0 & 1 & 0 \\ 0 & 0 & 1 \end{bmatrix}$$

$$= \begin{bmatrix} 2 & -2 & 0 \\ -2 & 4 & 1 \\ 0 & 1 & 1 \end{bmatrix} - \begin{bmatrix} \lambda & 0 & 0 \\ 0 & \lambda & 0 \\ 0 & 0 & \lambda \end{bmatrix}$$

$$= \begin{bmatrix} 2-\lambda & -2 & 0 \\ -2 & 4-\lambda & 1 \\ 0 & 1 & 1-\lambda \end{bmatrix}$$

したがって,固有方程式は $\det(\mathbf{H}_f - \lambda \mathbf{I}_3) = 0$,すなわち,

$$\begin{vmatrix} 2-\lambda & -2 & 0 \\ -2 & 4-\lambda & 1 \\ 0 & 1 & 1-\lambda \end{vmatrix} = 0$$

2.5 節の〔補足 2.1〕では,2 次の行列式の余因子はその行列の要素(つまり,実数)であったが,この例のように 3 次の行列式では,余因子は 2 次の行列式となる.具体的には,上の行列式において,第 1 行・第 1 列の要素 $2-\lambda$ の余因子は $\begin{vmatrix} 4-\lambda & 1 \\ 1 & 1-\lambda \end{vmatrix}$ であり,第 2 行・第 1 列の要素 -2 の余因子は $\begin{vmatrix} -2 & 0 \\ 1 & 1-\lambda \end{vmatrix}$ となる.よって,第 1 列について余因子により展開すると,この行列式の値は,

$$\det(\mathbf{H}_f - \lambda \mathbf{I}_3)$$

$$= \begin{vmatrix} 2-\lambda & -2 & 0 \\ -2 & 4-\lambda & 1 \\ 0 & 1 & 1-\lambda \end{vmatrix}$$

$$= (-1)^{1+1} \times (2-\lambda) \times \begin{vmatrix} 4-\lambda & 1 \\ 1 & 1-\lambda \end{vmatrix} + (-1)^{2+1} \times (-2) \times \begin{vmatrix} -2 & 0 \\ 1 & 1-\lambda \end{vmatrix} + (-1)^{3+1} \times 0 \times \begin{vmatrix} -2 & 0 \\ 4-\lambda & 1 \end{vmatrix}$$

$$= (2-\lambda)(4-\lambda)(1-\lambda) - (2-\lambda) + 2 \times (-2) \times (1-\lambda)$$

$$= -\lambda^3 + 7\lambda^2 - 14\lambda + 8 - (2-\lambda) - 4(1-\lambda)$$

$$= -\lambda^3 + 7\lambda^2 - 14\lambda + \lambda + 4\lambda + 8 - 2 - 4$$

$$= -\lambda^3 + 7\lambda^2 - 9\lambda + 2$$

という3次の固有多項式となることが分かる．したがって，固有方程式

$$f(\lambda) = -\lambda^3 + 7\lambda^2 - 9\lambda + 2 = 0$$

の解として固有値 λ が与えられる[7]．

一般的に，n 変数 $x_1, x_2, \cdots, x_n$ の関数解析において，テーラーの定理(Taylor's theorem)は重要である．

<勾配ベクトル(1次偏微分係数)による表現>

関数 $f(\mathbf{x})$ が，ある凸集合 X 上で1次偏微分係数が定義され，それらが連続であるならば，凸集合 X に属する2点 $\mathbf{x}_1, \mathbf{x}_2 = \mathbf{x}_1 + \mathbf{y}$ が与えられたとき，$0 \leq \theta \leq 1$ である実数 θ が存在し，

$$f(\mathbf{x}_2) = f(\mathbf{x}_1) + \nabla f(\theta \mathbf{x}_1 + (1-\theta)\mathbf{x}_2)^{\mathrm{T}} \mathbf{y} \tag{4.13-1}$$

すなわち，

$$f(\mathbf{x}_2) = f(\mathbf{x}_1) + \nabla f(\theta \mathbf{x}_1 + (1-\theta)\mathbf{x}_2)^{\mathrm{T}} (\mathbf{x}_2 - \mathbf{x}_1) \tag{4.13-2}$$

という関係が成立する（本書ではこの定理の証明は省略する）．上の2式においては，点 $\mathbf{x}_\theta \equiv \theta \mathbf{x}_1 + (1-\theta)\mathbf{x}_2$ は2点 $\mathbf{x}_1, \mathbf{x}_2$ の凸結合で与えられる点であるから，

$$f(\mathbf{x}_2) = f(\mathbf{x}_1) + \nabla f(\mathbf{x}_\theta)^{\mathrm{T}} (\mathbf{x}_2 - \mathbf{x}_1) \tag{4.13-3}$$

と表されることになる[8]．図式的には，（図4.2）において，2点 x_1, x_2 の凸結合で表される点 x_μ のなかに，線分 $\overline{PQ}$ の傾きに等しい接線をもつ点が存在し，その傾きの値と2点の距離の差の値の積により，点 x_2 の関数値 $f(x_2)$ と点 x_1 の関数値 $f(x_1)$ の差が求められることを(4.13-3)式は意味している．

---

[7] 3次方程式の根を求めるにはExcelソルバーのゴールシーク機能により近似解を求めることも可能となる場合があるので，本章の[補足4.1]で紹介する．
[8] (4.13-3)式で与えられる1変数の定理として，ロールの定理(Rolle's theorem)あるいは平均値の定理が解析学で知られている．

第4章 2次計画モデル — 非線形計画モデルへの拡張

＜ヘッセ行列（2次偏微分係数）による表現＞

関数 $f(\mathbf{x})$ がある凸集合 X 上で2次偏微分係数が定義され，それらが連続であるならば，凸集合 X に属する2点 $\mathbf{x}_1, \mathbf{x}_2 = \mathbf{x}_1 + \mathbf{y}$ が与えられたとき，$0 \leq \theta \leq 1$ である実数 θ が存在し，

$$f(\mathbf{x}_2) = f(\mathbf{x}_1) + \nabla f(\mathbf{x}_1)^T \mathbf{y} + \mathbf{y}^T \mathbf{H}_f(\theta \mathbf{x}_1 + (1-\theta)\mathbf{x}_2) \mathbf{y} \tag{4.14-1}$$

すなわち，

$$f(\mathbf{x}_2) = f(\mathbf{x}_1) + \nabla f(\mathbf{x}_1)^T (\mathbf{x}_2 - \mathbf{x}_1) + (\mathbf{x}_2 - \mathbf{x}_1)^T \mathbf{H}_f(\theta \mathbf{x}_1 + (1-\theta)\mathbf{x}_2)(\mathbf{x}_2 - \mathbf{x}_1) \tag{4.14-2}$$

という関係が成立する（本書ではこの定理の証明も省略する[9]）．上の2式においては，点 $\mathbf{x}_\theta \equiv \theta \mathbf{x}_1 + (1-\theta)\mathbf{x}_2$ は2点 $\mathbf{x}_1, \mathbf{x}_2$ の凸結合で与えられる点であるから，

$$f(\mathbf{x}_2) = f(\mathbf{x}_1) + \nabla f(\mathbf{x}_1)^T (\mathbf{x}_2 - \mathbf{x}_1) + (\mathbf{x}_2 - \mathbf{x}_1)^T \mathbf{H}_f(\mathbf{x}_\theta)(\mathbf{x}_2 - \mathbf{x}_1) \tag{4.14-3}$$

と表される．(4.14-1 〜 3) 式は，ヘッセ行列についての2次形式であるので，勾配ベクトルとヘッセ行列による2次近似による関数値の計算に利用される．テーラーの定理によると，ある点 $\mathbf{x}_1$ を基準にして別の点（これらの式では点 $\mathbf{x}_2$）の関数値を1次式あるいは2次式で展開することが可能であることを示しているので，関数のテーラー展開という用語も使われる．

関数 $f(\mathbf{x})$ が凹関数（あるいは凸関数）であるかは，その定義式 (4.7)（あるいは (4.8)）によると，その関数 $f(\mathbf{x})$ の偏微分可能性は要求されていない．関数 $f(\mathbf{x})$ が1次偏微分可能である場合の凸性（convexity）は以下のように示される：

関数 $f(\mathbf{x})$ が凸集合 X 上で偏微分係数が存在し，それらが連続な関数であるとする．凸関数の定義式(4.8)によると，$\mathbf{x}_1 \in X, \mathbf{x}_2 \in X$ が与えられ，$0 \leq \mu \leq 1$ である全ての実数 μ の値に対して $f(\mu \mathbf{x}_2 + (1-\mu)\mathbf{x}_1) \leq \mu f(\mathbf{x}_2) + (1-\mu)f(\mathbf{x}_1)$ と表され，

---

[9] テーラーの定理の一般的な証明は Apostol(1957)，高木(1968)，岩堀(1983)などを参照のこと．

$$f(\mu\mathbf{x}_2+(1-\mu)\mathbf{x}_1) \le \mu f(\mathbf{x}_2)+(1-\mu)f(\mathbf{x}_1)$$
$$f(\mathbf{x}_1+\mu(\mathbf{x}_2-\mathbf{x}_1))-f(\mathbf{x}_1) \le \mu(f(\mathbf{x}_2)-f(\mathbf{x}_1))$$

となることから，$0<\mu\le 1$ である任意の μ に対して，

$$\frac{f(\mathbf{x}_1+\mu(\mathbf{x}_2-\mathbf{x}_1))-f(\mathbf{x}_1)}{\mu} \le f(\mathbf{x}_2)-f(\mathbf{x}_1) \tag{4.15}$$

を得る．

ここで，関数値 $f(\mathbf{x}_1+\mu(\mathbf{x}_2-\mathbf{x}_1))$ を点 $\mathbf{x}_1$ において 1 次のテーラー展開を行なう．(4.13-1)式において $\mathbf{y}=\mu(\mathbf{x}_2-\mathbf{x}_1)$ とすると[10]，$0\le\theta\le 1$ のある実数値 θ が存在し，

$$f(\mathbf{x}_1+\mu(\mathbf{x}_2-\mathbf{x}_1)) = f(\mathbf{x}_1)+\nabla f(\theta\mathbf{x}_1+(1-\theta)\mu(\mathbf{x}_2-\mathbf{x}_1))^T(\mu(\mathbf{x}_2-\mathbf{x}_1))$$

つまり，

$$f(\mathbf{x}_1+\mu(\mathbf{x}_2-\mathbf{x}_1)) = f(\mathbf{x}_1)+\mu\nabla f(\theta\mathbf{x}_1+(1-\theta)(\mathbf{x}_1+\mu(\mathbf{x}_2-\mathbf{x}_1)))^T(\mathbf{x}_2-\mathbf{x}_1)$$
$$f(\mathbf{x}_1+\mu(\mathbf{x}_2-\mathbf{x}_1)) = f(\mathbf{x}_1)+\mu\nabla f(\mathbf{x}_1+\mu\overline{\theta}(\mathbf{x}_2-\mathbf{x}_1))^T(\mathbf{x}_2-\mathbf{x}_1) \tag{4.16}$$

となる（ここで，$\overline{\theta}=1-\theta$ である）．(4.16)式を(4.15)式に代入すると，

$$\nabla f(\mathbf{x}_1+\mu\overline{\theta}(\mathbf{x}_2-\mathbf{x}_1))^T(\mathbf{x}_2-\mathbf{x}_1) \le f(\mathbf{x}_2)-f(\mathbf{x}_1)$$

となる．上式において，$\mu\to 0$ の極限値を求めると，

$$\nabla f(\mathbf{x}_1)^T(\mathbf{x}_2-\mathbf{x}_1) \le f(\mathbf{x}_2)-f(\mathbf{x}_1) \tag{4.17}$$

関数 $f(\mathbf{x})$ が凹関数の場合は，

$$\nabla f(\mathbf{x}_1)^T(\mathbf{x}_2-\mathbf{x}_1) \ge f(\mathbf{x}_2)-f(\mathbf{x}_1) \tag{4.18}$$

となる．

1 変数の関数 $f(x)$ においては，(4.18)は以下の不等式

$$f'(x) \ge \frac{f(x_2)-f(x_1)}{x_2-x_1} \quad (x_1\ne x_2)$$

という関係を表す．

---

[10] (4.13-1)式における $\mathbf{x}_2$ を $\mathbf{x}_1+\mu(\mathbf{x}_2-\mathbf{x}_1)$ とみなしてこの公式に適用する．

(図 4.3) において，微分可能である凹関数（または上に凸な関数）$f(x)$ の点 x_1 における接線は 2 点 x_1, x_2 を結ぶ線分 $\overline{PQ}$ よりも上に位置することが図式的に確認される（つまり，接線の傾きは線分 $\overline{PQ}$ の傾きよりも大きい）．凸関数の場合の (4.17) で与えられる不等式は，不等号の向きが逆であることから，上述における両者の位置関係が逆転することになる．

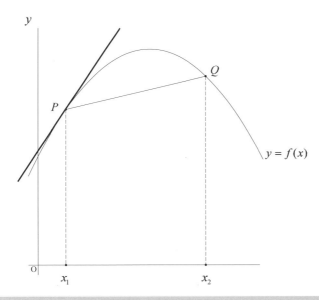

図 4.3：上に凸で微分可能な 1 変数の場合 (4.18) 式の不等式の例

4.3 非線形計画モデルの最適性条件 — KKT 条件

本書における非線形モデルは，制約条件式群は線形であるが，目的関数は連続的微分可能[11]な非線形関数 $f(\mathbf{x})$ で与えられる場合を中心に扱う（連続的に 1 回微分可能な関数 f を $f \in C^1$ と表すことにする）．第 2 章でみたように，線形

---

[11] 連続的微分可能とは，関数 $f(\mathbf{x})$ が偏微分可能であり，その偏導関数は連続であることをいう．これは $f \in C^1$ と表されることが多い．同様に，2 次偏導関数が定義され，それらが連続ならば，$f \in C^2$ と表す．

計画モデルにおいては，有限な最適解が存在する場合には，その最適値は一通りに決まり（多くの場合，最適解も一通りに決まり），有限回の解法アルゴリズムの適用により収束する．しかし，非線形な目的関数においては，必ずしも最適解への収束が約束されるわけではない．例として，（図4.4）のような1変数 x の関数 $f(x)$ の場合をながめてみる．

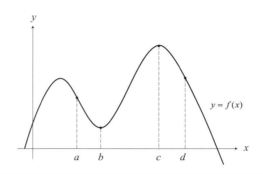

図4.4：1変数関数の局所的・大域的最適解

この関数 $f(x)$ は連続的微分可能であるとする．また，区間 $[a,d]$ における関数 $f(x)$ の最大値を探索するとしよう．このとき，微分法によると，その候補解は $f'(x)=0$ となる2点 b,c があげられる．（図4.4）より，点 c は最大値を与える点であるから，候補解は2点 a,c である．この例では，点 c がこの区間内での最大値を与える解となることが分かるが，いずれの候補解においても，その近傍にはその関数値より大きい値は存在しないことから，最大値の候補解とみなせることになる．このように，ある解の近傍内ではその解の関数値を超える解が存在しない場合は，許容領域内全体の最大値の候補となり得る，"局所的最適解（local optimal solution）" と呼ばれる．局所的最適解のうちで許容領域内全体の最適解は，"大域的最適解（global optimal solution）" と呼ばれる．仮に，最適解探索が点 a に収束してしまう場合は，大域的最適解である点 c に到達できずに探索が終了してしまう恐れもあることになる．

一般的には，n 変数 $x_1, x_2, \cdots, x_n$ の関数 $f(\mathbf{x})$（ただし，$f \in C^1$ であるとする）においても，制約条件式がない場合は，ある解 $\mathbf{x}^*$ が局所的最適解となるため

の必要条件は

$$\nabla f(\mathbf{x}^*) = \mathbf{0} \tag{4.19}$$

である(証明略)が，制約条件を考慮した局所的最適解の探索について以下に述べていくことにする．

本章の冒頭で定義した一般的な非線形計画モデルが，タイプⅰ）の制約条件は u 個，残りの $(m-u)$ 個がタイプⅱ）の制約からなっているとする(すなわち，全部で m 個の不等式制約からなるとする)：

最大化　　　$z = f(\mathbf{x})$
制約：
$$\begin{aligned} h_i(\mathbf{x}) &\leq b_i & (i &= 1, 2, \cdots, u) \\ h_i(\mathbf{x}) &\geq b_i & (i &= u+1, \cdots, m) \\ \mathbf{x} &\geq 0 \end{aligned}$$

ここでは，変数の非負条件も含めて制約条件式群は不等式制約として与えられている．したがって，線形計画モデルの標準形のように，不等式制約条件式群にスラック変数を導入することにより，非負条件を除いてはモデルの制約条件式を等式形式により扱うこともできるわけである．

しかし，後述するKKT理論においては，不等式制約はそのまま不等式として扱うが，その形式表現においては，以下のように不等号の向きを統一し，非負条件も含めて右辺をゼロ値とした $(m+n)$ 個の連立不等式として表現する：

$$\begin{aligned} g_i(\mathbf{x}) &\equiv b_i - h_i(\mathbf{x}) \geq 0 & (i &= 1, 2, \cdots, u) \\ g_i(\mathbf{x}) &\equiv h_i(\mathbf{x}) - b_i \geq 0 & (i &= u+1, \cdots, m) \\ g_i(\mathbf{x}) &\equiv x_i \geq 0 & (i &= m+1, \cdots, m+n) \end{aligned}$$

すなわち，最大化モデルの場合，全ての制約条件式の値は非負という制約により整理することになる．ここで，非負条件式も含めた制約条件式の総数を M と表すならば，$M \equiv m+n$ である．

目的関数及び制約関数の（少なくとも1回）微分可能性を想定している場合においては，古典的な等式制約条件下での最適化問題において，ラグランジュ

関数 (Lagrange function) は中心的な役割を果たしていた．具体的には，上記の制約条件式の総数に等しい M 個の非負ラグランジュ乗数 (Lagrange multiplier) $\lambda_i \geq 0 \quad (i = 1, 2, \cdots, M)$ を導入し，その乗数ベクトルを $\boldsymbol{\lambda}^\mathrm{T} = (\lambda_1, \lambda_2, \cdots, \lambda_M)$ と表すならば，$(M+n)$ 個の変数からなるラグランジュ関数 $L(\mathbf{x}, \boldsymbol{\lambda})$ は

$$L(\mathbf{x}, \boldsymbol{\lambda}) \equiv f(\mathbf{x}) + \sum_{i=1}^{M} \lambda_i g_i(\mathbf{x}) \tag{4.20}$$

と定義される（この定義式では，第 i 番目の制約関数[12]の乗数として λ_i が導入されている）．また，制約関数のベクトルを $\mathbf{g}(\mathbf{x})^\mathrm{T} \equiv (g_1(\mathbf{x}), g_2(\mathbf{x}), \cdots, g_M(\mathbf{x}))$ と表すとき，上式 (4.20) はより簡潔に

$$L(\mathbf{x}, \boldsymbol{\lambda}) \equiv f(\mathbf{x}) + \boldsymbol{\lambda}^\mathrm{T} \mathbf{g}(\mathbf{x}) \tag{4.21}$$

と表される．

ここで，$(M \times n)$ 行列 $\nabla \mathbf{g}(\mathbf{x})$ を

$$\nabla \mathbf{g}(\mathbf{x}) \equiv \begin{pmatrix} \nabla g_1(\mathbf{x})^\mathrm{T} \\ \nabla g_2(\mathbf{x})^\mathrm{T} \\ \vdots \\ \nabla g_M(\mathbf{x})^\mathrm{T} \end{pmatrix} \tag{4.22}$$

と定義する．

非線形モデルの許容領域の集合を F と表すとする．この集合 F の任意の境界点では，（線形モデルと同様に）その点において等式関係で満たされる制約条件があることを意味する．具体的には，ある境界点 $\tilde{\mathbf{x}}$ における有効制約[13]（すなわち，等式で満たされる制約条件：active constraint）のインデックス集合を $A(\tilde{\mathbf{x}})$ と表すと，

$$g_i(\tilde{\mathbf{x}}) = 0 \quad \forall i \in A(\tilde{\mathbf{x}}), \qquad g_i(\tilde{\mathbf{x}}) > 0 \quad \forall i \notin A(\tilde{\mathbf{x}})$$

となる（ここで，記号 '$\forall$' は '全ての (for all)' を意味し，'$\notin$' は '集合の要素

---

[12] 制約条件式の左辺を与える関数は制約関数と呼ばれる（福島 (2011) を参照のこと）．
[13] ある点において，等式で成り立つ制約条件 (active constraint) は，その点における有効制約（福島 (2011) 参照），あるいは '活性の' 制約（刀根 (1985) 参照）といった訳語が充てられている．

ではない'という意味で用いられる数学記号である)．また，境界点$\tilde{\mathbf{x}}$の可能方向 (feasible direction) をベクトル$\mathbf{d}$と表すとき，$\mathbf{d}$は任意の$\delta>0$に対して$\tilde{\mathbf{x}}+\delta\mathbf{d}\in F$となる方向ベクトルとして定義される[14]．ここでは，厳密な証明は省略するが，以下の定理を示す：

<定理4.1> 点$\tilde{\mathbf{x}}$が局所最適解であるならば，可能方向$\mathbf{d}$に対して，
$\nabla f(\tilde{\mathbf{x}})^T\mathbf{d}\leq 0$ でなければならない．
($\because \nabla f(\tilde{\mathbf{x}})^T\mathbf{d}>0$ であるとすると，
$$f(\tilde{\mathbf{x}}+\delta\mathbf{d})\cong f(\tilde{\mathbf{x}})+\delta\nabla f(\tilde{\mathbf{x}})^T\mathbf{d}>f(\tilde{\mathbf{x}})$$
であり，局所最適解の仮定に反する.)

<定理4.2> 制約想定[15] (constraint qualification) が成立するとき，点$\tilde{\mathbf{x}}$が局所最適解であるならば，$\nabla g_i(\tilde{\mathbf{x}})^T\mathbf{d}\geq 0 \quad \forall i\in A(\tilde{\mathbf{x}})$である任意の可能方向$\mathbf{d}$に対して，$\nabla f(\tilde{\mathbf{x}})^T\mathbf{d}\leq 0$が成立する(証明略)．

ファーカスの補助定理 (Farkas' lemma) は，
$\mathbf{A}\mathbf{y}\geq \mathbf{0}$を満たす任意のベクトル$\mathbf{y}$に対して$\mathbf{b}^T\mathbf{y}\geq 0$となることと，
$\mathbf{w}^T\mathbf{A}=\mathbf{b}$を満たす$\mathbf{w}\geq \mathbf{0}$が存在することは同値である．

と述べられる[16](本補助定理の証明は省略する)．

この補助定理において，$\mathbf{y}=\mathbf{d}$, $\mathbf{A}=\|\nabla g_i(\tilde{\mathbf{x}})\| \forall i\in A(\tilde{\mathbf{x}})$, $\mathbf{b}=-\nabla f(\tilde{\mathbf{x}})$, $\mathbf{w}=\lambda$とみなす[17] ならば，定理4.1, 4.2が成り立つとき，ファーカスの補助定理により

$$\sum_{i\in A(\tilde{\mathbf{x}})} \lambda_i \nabla g_i(\tilde{\mathbf{x}}) = -\nabla f(\tilde{\mathbf{x}}) \tag{4.23}$$

を満たす$\lambda_i\geq 0 \quad i\in A(\tilde{\mathbf{x}})$が存在することになる．(4.23)式は，幾何学的には，点$\tilde{\mathbf{x}}$において等式で成り立つ制約関数式$g_i(\tilde{\mathbf{x}}) \quad \forall i\in A(\tilde{\mathbf{x}})$について，その勾配ベクトルで構成される錐 (cone) の中に目的関数の勾配ベクトルに-1を乗

---

[14] 可能方向及び以下の数学的事実(定理)の証明・詳細については，刀根(1985)，マンガサリアン(1972)等を参照のこと．
[15] マンガサリアン(1972)に様々な制約想定が紹介されているが，ここでは，各等式制約と目的関数の勾配ベクトルに対する実行可能方向集合が同じであるとするKuhn-Tuckerの制約想定による．
[16] ファーカスの補助定理については，例えば，Hadley(1969)等を参照されたい．
[17] ここで，行列$\mathbf{A}$の各行は，点$\tilde{\mathbf{x}}$において等式として成立する各制約の(行ベクトル表示した)勾配ベクトルである．

じたベクトルがあることを意味している[18]．

ここで，点$\tilde{\mathbf{x}}$において等式で成り立たない制約関数 $g_i(\tilde{\mathbf{x}})$　$\forall i \notin A(\tilde{\mathbf{x}})$ について，$\lambda_i = 0$　$\forall i \notin A(\tilde{\mathbf{x}})$ としてラグランジュ乗数値を設定することにより，

$$\boldsymbol{\lambda}^T \mathbf{g}(\tilde{\mathbf{x}}) = 0 \tag{4.24}$$

と表される．ラグランジュ乗数ベクトル$\boldsymbol{\lambda}$が(4.24)式を満たすとき，(4.23)式は

$$\boldsymbol{\lambda}^T \mathbf{g}(\tilde{\mathbf{x}}) = -\nabla f(\tilde{\mathbf{x}}) \tag{4.25}$$

と表される．以上から，一般的な非線形計画モデルにおける局所最適解の必要条件として知られているカルーシュ・クーン・タッカー(Karush-Kuhn-Tucker：KKT)条件は，以下のように述べられる：

＜KKT条件＞

最大化の非線形計画モデルの局所的最大値を与える点を$\mathbf{x}^*$と表すとする．また，目的関数$f \in C^1$，制約関数式$g_i \in C^1$であるとし，許容領域集合Fの各点において制約想定が成り立つものとする．このとき，以下の3つの条件が成立する：

ⅰ) $g_i(\mathbf{x}^*) \geq 0$　$\forall 1 \leq i \leq M$ (4.26)

ⅱ) 非負乗数$\lambda_i \geq 0$　$(i = 1, 2, \cdots M)$ が存在し，
$$\boldsymbol{\lambda}^T \mathbf{g}(\mathbf{x}^*) = \sum_{i=1}^M \lambda_i g_i(\mathbf{x}^*) = 0 \tag{4.27}$$
である．

ⅲ) $\nabla f(\mathbf{x}^*) + \boldsymbol{\lambda}^T \nabla \mathbf{g}(\mathbf{x}^*) = \nabla f(\mathbf{x}^*) + \sum_{i=1}^M \lambda_i \nabla g_i(\mathbf{x}^*) = \mathbf{0}$ (4.28)

上記において，条件ⅰ)は点$\mathbf{x}^*$が許容解であることを示し，条件ⅱ)は(4.24)式であり，$g_i(\mathbf{x}^*) > 0$であるならば$\lambda_i = 0$であることを示し，条件ⅲ)は(4.25)式である．また，(4.28)式はラグランジュ関数についての局所的最適解を求める必要条件を表す(4.19)式とみなすこともできよう．

ここで，KKT理論による局所的最適解の必要条件の導出と幾何的な解釈を

---

18) この幾何学的解釈の詳細については，刀根(1978)，Hadley(1969)，Bazaraa *et al* (2006)等を参照されたい．

述べてきたことを踏まえて，その確認のために 2 変数 x_1, x_2 により表される簡単な非線形計画モデルの数値例を以下においてながめることにする．

＜数値例 4.2[19]＞

最大化 $\quad z = f(\mathbf{x}) = -\dfrac{(x_1-3)^2}{2} - (x_2-4)^2$

制約条件：

$$g_1(\mathbf{x}) = -x_1^2 - x_2^2 + 8 \geq 0$$
$$g_2(\mathbf{x}) = x_1 - x_2 \geq 0$$
$$g_3(\mathbf{x}) = x_1 \geq 0$$
$$g_4(\mathbf{x}) = x_2 \geq 0$$

このモデルの目的関数，許容領域（図中で斜線表示されている部分），最適解 $\mathbf{x}^*$ が図示されており，$\mathbf{x}^* = (2,2)^{\mathrm{T}}$ であることが分かる（図 4.5 参照）．

ここで，

$$\nabla f(\mathbf{x}) = \begin{pmatrix} -(x_1-3) \\ -2(x_2-4) \end{pmatrix}, \nabla g_1(\mathbf{x}) = \begin{pmatrix} -2x_1 \\ -2x_2 \end{pmatrix}, \nabla g_2(\mathbf{x}) = \begin{pmatrix} 1 \\ -1 \end{pmatrix}, \nabla g_3(\mathbf{x}) = \begin{pmatrix} 1 \\ 0 \end{pmatrix}, \nabla g_4(\mathbf{x}) = \begin{pmatrix} 0 \\ 1 \end{pmatrix}$$

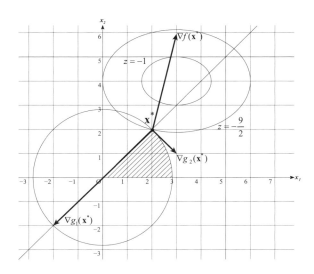

図 4.5：＜数値例 4.2＞の最適解における目的関数と制約関数の勾配ベクトルの関係

---

19) この数値例は福島（2011）（p.127）に与えられている数値例を一部引用・参考にして作成した．

であるから，点 $\mathbf{x}^*$ での座標値 $x_1^* = x_2^* = 2$ を代入すると，

$$\nabla f(\mathbf{x}^*) = \begin{pmatrix} 1 \\ 4 \end{pmatrix}, \nabla g_1(\mathbf{x}^*) = \begin{pmatrix} -4 \\ -4 \end{pmatrix}, \nabla g_2(\mathbf{x}^*) = \begin{pmatrix} 1 \\ -1 \end{pmatrix}, \nabla g_3(\mathbf{x}^*) = \begin{pmatrix} 1 \\ 0 \end{pmatrix}, \nabla g_4(\mathbf{x}^*) = \begin{pmatrix} 0 \\ 1 \end{pmatrix}$$

また，点 $\mathbf{x}^*$ での有効制約のインデックス集合は $A(\mathbf{x}^*) = \{1, 2\}$，つまり，等式制約条件は $g_1(\mathbf{x}^*) = 0, g_2(\mathbf{x}^*) = 0$ であり，したがって，$g_3(\mathbf{x}^*) > 0, g_4(\mathbf{x}^*) > 0$ であることが分かる．また，(4.27) 式から $\lambda_3 = \lambda_4 = 0$ である．さらに，(4.28) 式より

$$\begin{pmatrix} 1 \\ 4 \end{pmatrix} + \lambda_1 \begin{pmatrix} -4 \\ -4 \end{pmatrix} + \lambda_2 \begin{pmatrix} 1 \\ -1 \end{pmatrix} = \begin{pmatrix} 0 \\ 0 \end{pmatrix}$$

が得られることから，以下の連立方程式

$$\begin{cases} 4\lambda_1 - \lambda_2 = 1 \\ 4\lambda_1 + \lambda_2 = 4 \end{cases}$$

が得られ，これから，$\lambda_1 = \dfrac{5}{8}, \lambda_2 = \dfrac{3}{2}$ という解が得られる．このウェイトを有効制約関数に乗ずることで，目的関数の勾配ベクトルが表されることになる．(図 4.5) から分かるように，目的関数の勾配ベクトルは有効制約の制約関数の勾配ベクトルとバランス関係(釣り合う関係)にあるので，適切なウェイト付けをすることにより，(4.28) 式の右辺が零ベクトルとなる形式で表現されることを意味している．

4.4　2次計画モデルとポートフォリオ選択モデルへの接続

　2 次計画 (Quadratic Programming : QP) モデルとは，目的関数が 2 次関数であり，非負制約条件を含む制約条件式が 1 次式である非線形計画モデルである．ここでは，n 変数の 2 次計画モデルは m 個の 1 次制約条件と非負条件からなるとする．ここにおいても，n 変数はベクトル $\mathbf{x}^\mathrm{T} = (x_1, x_2, \cdots, x_n)$ で表し，$(m \times n)$ 行列 $\mathbf{A}$ は 1 次の制約条件式の係数行列であるとし，m 次元のベクトル $\mathbf{b}$ は 1 次制約条件式の右辺値を表すものとする．また，4.3 節において定義した 2 次形式の係数行列 $\mathbf{D}$ は $(n \times n)$ 対称行列であるとする．このとき，2 次計

画モデルは
　最大化　　　　　　$z = f(\mathbf{x}) = \mathbf{c}^\mathrm{T}\mathbf{x} + \mathbf{x}^\mathrm{T}\mathbf{D}\mathbf{x}$
　制約条件：
$$\mathbf{A}\mathbf{x} \leq \mathbf{b}$$
$$\mathbf{x} \geq \mathbf{0}$$

と定義される．2 次計画モデルに関するいくつかの定理が知られているので，以下に紹介する（ただし，証明は略す[20]）．

＜定理4.3＞2 次計画モデルの許容領域は凸集合である．

＜定理4.4＞2 次形式 $\mathbf{x}^\mathrm{T}\mathbf{D}\mathbf{x}$ が半負定値であるか負定値であるならば 2 次形式は凹関数である．

　4.3 節の凹関数の＜性質 3＞により線形関数は凹関数であり，＜定理4.4＞により，2 次計画モデルの目的関数 $f(\mathbf{x})$ は凹関数となることが分かる．

＜定理4.5＞目的関数 $f(\mathbf{x})$ が凹関数であるならば，任意の局所的最適解は大域的最適解である．

＜定理4.6＞2 次形式 $\mathbf{x}^\mathrm{T}\mathbf{D}\mathbf{x}$ が負定値であるならば，目的関数 $f(\mathbf{x})$ は狭義の凹関数[21]であり，大域的最適解は一意に得られる．

＜定理4.7＞目的関数 $f(\mathbf{x})$ が凹関数であることは，任意の $\mathbf{x}$ に対してヘッセ行列 $\mathbf{H}_f = \mathbf{D}$ は非正値 (negative semidefinite) であることと同値である．

　以上から，2 次形式 $\mathbf{x}^\mathrm{T}\mathbf{D}\mathbf{x}$ が非正値（すなわち，半負定値）であるなら，大域的最適解が存在することが分かるので，4.3 節で述べた KKT 条件は 2 次計画モデルについては最適性の十分条件となる．

　制約条件が 1 次式で与えられる場合は，制約想定が自動的に成り立つ（証明は略する）．つぎに，制約条件式の左辺の関数は線形であるから，その係数行列 $\mathbf{A}$ の第 i 行のベクトルを（第 2 章と同様に）$\mathbf{A}_{i*}^\mathrm{T}$ と表すと

$$g_i(\mathbf{x}) = b_i - \mathbf{A}_{i*}^\mathrm{T}\mathbf{x} \geq 0 \quad \forall\, 1 \leq i \leq m,$$

$$\mathbf{g}(\mathbf{x})^\mathrm{T} = (g_1(\mathbf{x}), g_2(\mathbf{x}), \cdots, g_m(\mathbf{x})) = (b_1 - \mathbf{A}_{1*}^\mathrm{T}\mathbf{x},\ b_2 - \mathbf{A}_{2*}^\mathrm{T}\mathbf{x},\ \cdots,\ b_m - \mathbf{A}_{m*}^\mathrm{T}\mathbf{x})$$

---

[20] 証明に関しては，Hadley(1970)，Bazaraa(1990)，刀根(1985)等を参照されたい．
[21] 刀根(1985)によると，'狭義の凹関数' とは，(4.7)式において $0 < \mu < 1$ に対して等号のない不等号関係($<$)で成立すると定義されており，この用語は strictly concave function の訳語に相当する．

であり，変数の非負条件 $\mathbf{x} \geq \mathbf{0}$ は制約関数に含めることなく別途扱うことにする．また，目的関数と制約関数の勾配ベクトルは

$$\nabla f(\mathbf{x})^T = \mathbf{c}^T + 2\mathbf{x}^T \mathbf{D}, \quad \nabla g_i(\mathbf{x}) = -\mathbf{A}_{i*}^T,$$

$$\nabla \mathbf{g}(\mathbf{x})^T = (-\mathbf{A}_{1*}^T, -\mathbf{A}_{2*}^T, \cdots, -\mathbf{A}_{m*}^T), \text{あるいは } \nabla \mathbf{g}(\mathbf{x}) = -\mathbf{A}$$

である．よって，大域的最適解を与える KKT 条件は以下のように表される：
2 次計画モデルの KKT 条件を列挙すると，

 i) $g_i(\mathbf{x}) = b_i - \mathbf{A}_{i*}^T \mathbf{x} \geq 0 \quad \forall\, 1 \leq i \leq m, \quad \mathbf{x} \geq \mathbf{0}$

 ii) 非負乗数 $\lambda_i \geq 0\, (i = 1, 2, \cdots, m),\ \mu_j \geq 0\, (j = 1, 2, \cdots, n)$ が存在し，
$\boldsymbol{\lambda}^T \mathbf{g}(\mathbf{x}) = \sum_{i=1}^{m} \lambda_i g_i(\mathbf{x}) = \boldsymbol{\lambda}^T(\mathbf{b} - \mathbf{A}\mathbf{x}) = 0, \quad \boldsymbol{\mu}^T \mathbf{x} = \sum_{j=1}^{n} \mu_j x_j = 0$
である．

 iii) $\nabla f(\mathbf{x}^*) + \boldsymbol{\lambda}^T \nabla \mathbf{g}(\mathbf{x}^*) = \mathbf{c}^T + 2\mathbf{x}^T \mathbf{D} + \boldsymbol{\lambda}^T(-\mathbf{A}) + \boldsymbol{\mu}^T = \mathbf{0}$
すなわち，
$\mathbf{c}^T + 2\mathbf{x}^T \mathbf{D} - \boldsymbol{\lambda}^T \mathbf{A} + \boldsymbol{\mu}^T = \mathbf{0}$

となる．このとき，2 次計画モデルの KKT 条件は以下のようになる．

 < QPKKT 条件 >

 i) $\mathbf{b} - \mathbf{A}\mathbf{x} \geq \mathbf{0}, \quad \mathbf{x} \geq \mathbf{0}$

 ii) $\boldsymbol{\lambda}^T(\mathbf{b} - \mathbf{A}\mathbf{x}) = 0, \quad \boldsymbol{\mu}^T \mathbf{x} = 0, \quad \boldsymbol{\lambda} \geq \mathbf{0}, \quad \boldsymbol{\mu} \geq \mathbf{0}$ (4.29)

 iii) $\mathbf{c}^T + 2\mathbf{x}^T \mathbf{D} - \boldsymbol{\lambda}^T \mathbf{A} + \boldsymbol{\mu}^T = \mathbf{0}^T \quad$ または，$\quad \mathbf{c} + 2\mathbf{D}\mathbf{x} - \mathbf{A}^T \boldsymbol{\lambda} + \boldsymbol{\mu} = \mathbf{0}$

と表される．この条件式群は ii) の $\boldsymbol{\lambda}^T(\mathbf{b} - \mathbf{A}\mathbf{x}) = 0,\ \boldsymbol{\mu}^T \mathbf{x} = 0$ を除いては，非負変数ベクトル $\mathbf{x}, \boldsymbol{\lambda}, \boldsymbol{\mu}$ の 1 次方程式系である．つまり，2 次計画モデルが最適解をもつならば，その最適解の探索は (4.29) で表される方程式系の解を求めることに帰着することになる．そこで (4.29) 式を以下のように同値変形する：

 i)について：

線形制約条件の (左辺値 − 右辺値) のスラック変数ベクトル $\mathbf{v}$ を $\mathbf{v} = \mathbf{b} - \mathbf{A}\mathbf{x}$ として導入する．結果として，$\mathbf{v} = \mathbf{b} - \mathbf{A}\mathbf{x}, \mathbf{v} \geq \mathbf{0}, \mathbf{x} \geq \mathbf{0}$ と表される．

 ii)について：

上記のスラック変数 $\mathbf{v}$ により，$(\boldsymbol{\lambda}^T \mathbf{v} =) \mathbf{v}^T \boldsymbol{\lambda} = 0,\ \boldsymbol{\mu}^T \mathbf{x} = 0,\ \boldsymbol{\lambda} \geq \mathbf{0},\ \boldsymbol{\mu} \geq \mathbf{0},\ \mathbf{v} \geq \mathbf{0}$

と表される.

iii)について：

両辺の転置操作をすると，$\mathbf{c}+2\mathbf{Dx}-\mathbf{A}^T\boldsymbol{\lambda}+\boldsymbol{\mu}=\mathbf{0}$ となり，この式をさらに変形すると $\boldsymbol{\mu}=-\mathbf{c}-2\mathbf{Dx}+\mathbf{A}^T\boldsymbol{\lambda}$ となる．したがって，(4.29)式は

$$\begin{aligned}&\boldsymbol{\mu}=-2\mathbf{Dx}+\mathbf{A}^T\boldsymbol{\lambda}-\mathbf{c},\quad \mathbf{v}=\mathbf{b}-\mathbf{Ax}\\&\boldsymbol{\mu}^T\mathbf{x}=0,\quad \mathbf{v}^T\boldsymbol{\lambda}=0\\&\mathbf{x}\geq\mathbf{0},\boldsymbol{\lambda}\geq\mathbf{0},\boldsymbol{\mu}\geq\mathbf{0},\mathbf{v}\geq\mathbf{0}\end{aligned} \quad (4.30)$$

と表される．ここで，$(m+n)$ 次元ベクトル $\mathbf{w}^T=(\boldsymbol{\mu}^T,\mathbf{v}^T)$，$\mathbf{z}^T=(\mathbf{x}^T,\boldsymbol{\lambda}^T)$，$\mathbf{q}^T=(-\mathbf{c}^T,\mathbf{b})$，$(m+n)\times(m+n)$ 行列 $\mathbf{M}$ を

$$\mathbf{M}=\begin{bmatrix}-2\mathbf{D} & \mathbf{A}^T\\ -\mathbf{A} & \mathbf{O}_m\end{bmatrix}$$

と定義する（ただし，$\mathbf{O}_m$ は要素がすべてゼロである $(m\times m)$ 行列を表すとする）とき，(4.30)式は

$$\mathbf{w}=\mathbf{q}+\mathbf{Mz},\quad \mathbf{z}^T\mathbf{w}=0,\quad \mathbf{w}\geq\mathbf{0},\quad \mathbf{z}\geq\mathbf{0} \quad (4.31)$$

として表される．(4.31)式において，条件式 $\mathbf{z}^T\mathbf{w}=0,\ \mathbf{w}\geq\mathbf{0},\ \mathbf{z}\geq\mathbf{0}$ があることから，$\mathbf{z}^T\mathbf{w}=0$ ということは，変数の対 (w_k,z_k) $(k=1,2,\cdots,m+n)$ において，少なくともいずれかはゼロ値となることを示している．

殊に，$1\leq l\leq m+n$ に対して，

$w_l>0$ ならば，$z_l=0$ であり．$z_l>0$ ならば，$w_l=0$ となる．

ここで，$\mathbf{z}^T\mathbf{w}=\mathbf{x}^T\boldsymbol{\mu}+\boldsymbol{\lambda}^T\mathbf{v}=\sum_{j=1}^{n}x_j\mu_j+\sum_{i=1}^{m}v_i\mu_i=0$ ということは，すべての変数の値が非負であることを考慮すると，$\sum_{j=1}^{n}x_j\mu_j=0$，$\sum_{i=1}^{m}\lambda_i v_i=0$ であり，同様にして，変数の対 (x_k,μ_k) 及び (λ_k,v_k) においても，少なくともどちらか一方はゼロ値となることを示している．このように，一対の変数において，少なくとも一方の値がゼロでなければならない条件は相補性（complementarity）条件と呼ばれ，変数の対は相補対と呼ばれる．このことから，(4.31)で定義される方程式系は線形相補性問題（Linear Complementarity Problem: LCP）と呼ばれている．

2次計画モデルの最適解を求めるには，(4.31)式で与えられるLCPの解を求める方法，あるいは，(4.29)式の＜QPKKT条件＞に基づき最適解を求める方法が知られている．前者にはLemkeによるcomplementary pivoting method (相補的軸演算法)が知られている[22]．後者には，Wolfeによるシンプレックス法に準拠する解法等が知られている[23]．

ここでは，以下の簡単な数値例に基づいた確認をしてみることにする．

＜数値例 4.3＞

最大化　　　$z = f(\mathbf{x}) = -\dfrac{(x_1-3)^2}{2} - (x_2-4)^2$

制約条件：

$$g_1(\mathbf{x}) = \dfrac{1}{3}x_1 - x_2 + 1 \geq 0$$
$$g_2(\mathbf{x}) = -x_1 - x_2 + 5 \geq 0$$
$$g_3(\mathbf{x}) = x_1 \geq 0$$
$$g_4(\mathbf{x}) = x_2 \geq 0$$

ここで，$f(\mathbf{x}) = -\dfrac{1}{2}x_1^2 - x_2^2 + 3x_1 + 8x_2 - \dfrac{41}{2}$ であるから，

$$\mathbf{D} = \begin{pmatrix} -\dfrac{1}{2} & 0 \\ 0 & -1 \end{pmatrix}, \quad \mathbf{c}^{\mathrm{T}} = (3, 8), \quad \mathbf{A} = \begin{pmatrix} -\dfrac{1}{3} & 1 \\ 1 & 1 \end{pmatrix}, \quad \mathbf{b} = \begin{pmatrix} 1 \\ 5 \end{pmatrix}$$

となる．よって，

＜QPKKT条件＞

i) $\begin{pmatrix} -\dfrac{1}{3} & 1 \\ 1 & 1 \end{pmatrix} \begin{pmatrix} x_1 \\ x_2 \end{pmatrix} \leq \begin{pmatrix} 1 \\ 5 \end{pmatrix}, \quad \begin{pmatrix} x_1 \\ x_2 \end{pmatrix} \geq \begin{pmatrix} 0 \\ 0 \end{pmatrix}$ すなわち， $\begin{aligned} -\dfrac{1}{3}x_1 + x_2 &\leq 1 \\ x_1 + x_2 &\leq 5 \\ x_1,\ x_2 &\geq 0 \end{aligned}$

LCP定式化におけるように，スラック変数 $v_1, v_2 \geq 0$ を導入し，

$$-\dfrac{1}{3}x_1 + x_2 + v_1 = 1$$
$$x_1 + x_2 + v_2 = 5$$
$$x_1, x_2, v_1, v_2 \geq 0$$

---

[22] 相補的軸演算法については，本書の範囲を超えているので，Lemke(1968)，Bazaraa et al(2006)，刀根(1985)等を参照されたい．
[23] 詳細については，Hadley(1970)，Wolfe(1959)等を参照されたい．

とする.

ii) $(\lambda_1, \lambda_2)\begin{pmatrix} v_1 \\ v_2 \end{pmatrix} = 0, \quad (\mu_1, \mu_2)\begin{pmatrix} x_1 \\ x_2 \end{pmatrix} = 0, \quad \begin{pmatrix} \lambda_1 \\ \lambda_2 \end{pmatrix} \geq \begin{pmatrix} 0 \\ 0 \end{pmatrix}, \quad \begin{pmatrix} \mu_1 \\ \mu_2 \end{pmatrix} \geq \begin{pmatrix} 0 \\ 0 \end{pmatrix}$

すなわち,

$\lambda_1 v_1 + \lambda_2 v_2 = 0, \quad \mu_1 x_1 + \mu_2 x_2 = 0, \quad \lambda_1, \lambda_2, \mu_1, \mu_2 \geq 0$

iii) $\begin{pmatrix} 3 \\ 8 \end{pmatrix} + \begin{pmatrix} -1 & 0 \\ 0 & -2 \end{pmatrix}\begin{pmatrix} x_1 \\ x_2 \end{pmatrix} - \begin{pmatrix} -\frac{1}{3} & 1 \\ 1 & 1 \end{pmatrix}\begin{pmatrix} \lambda_1 \\ \lambda_2 \end{pmatrix} + \begin{pmatrix} \mu_1 \\ \mu_2 \end{pmatrix} = \begin{pmatrix} 0 \\ 0 \end{pmatrix}$

すなわち,

$$\begin{aligned} -x_1 \quad\quad + \tfrac{1}{3}\lambda_1 - \lambda_2 + \mu_1 \quad\quad &= -3 \\ -2x_2 \quad - \lambda_1 - \lambda_2 \quad\quad + \mu_2 &= -8 \end{aligned}$$

この式表現をベクトル・行列により表すために (4.29) 式の i) を $\mathbf{v} = \mathbf{b} - \mathbf{A}\mathbf{x}, \quad \mathbf{v} \geq \mathbf{0}$ と表すなら, i) ~ iii) は

$$\begin{bmatrix} \mathbf{A} & \mathbf{0} & \mathbf{0} & \mathbf{I}_n \\ 2\mathbf{D} & -\mathbf{A}^\mathrm{T} & \mathbf{I}_n & \mathbf{0} \end{bmatrix}\begin{pmatrix} \mathbf{x} \\ \boldsymbol{\lambda} \\ \boldsymbol{\mu} \\ \mathbf{v} \end{pmatrix} = \begin{pmatrix} \mathbf{b} \\ -\mathbf{c} \end{pmatrix}, \quad \boldsymbol{\lambda}^\mathrm{T}\mathbf{v} = 0, \quad \boldsymbol{\mu}^\mathrm{T}\mathbf{x} = 0, \quad \mathbf{x}, \boldsymbol{\lambda}, \boldsymbol{\mu}, \mathbf{v} \geq \mathbf{0} \tag{4.32}$$

と表されることが分かる.この方程式系は相補性条件を除くと線形であるので,シンプレックス法に準拠しつつ,相補性条件が満たされる解法(例えば,Wolfe の解法など)の適用が可能であることが分かる.

＜数値例 4.3 ＞では,

$$\mathbf{A} = \begin{pmatrix} -\tfrac{1}{3} & 1 \\ 1 & 1 \end{pmatrix}, \quad 2\mathbf{D} = \begin{pmatrix} -1 & 0 \\ 0 & -2 \end{pmatrix}, \quad -\mathbf{A}^\mathrm{T} = \begin{pmatrix} \tfrac{1}{3} & -1 \\ -1 & -1 \end{pmatrix}, \quad \mathbf{b} = \begin{pmatrix} 1 \\ 5 \end{pmatrix}, \quad -\mathbf{c} = \begin{pmatrix} -3 \\ -8 \end{pmatrix}$$

であるから,この数値例に対して,(4.32)式は

$$\begin{pmatrix} -\dfrac{1}{3} & 1 & 0 & 0 & 0 & 0 & 1 & 0 \\ 1 & 1 & 0 & 0 & 0 & 0 & 0 & 1 \\ -1 & 0 & \dfrac{1}{3} & -1 & 1 & 0 & 0 & 0 \\ 0 & -2 & -1 & -1 & 0 & 1 & 0 & 0 \end{pmatrix} \begin{pmatrix} x_1 \\ x_2 \\ \lambda_1 \\ \lambda_2 \\ \mu_1 \\ \mu_2 \\ \nu_1 \\ \nu_2 \end{pmatrix} = \begin{pmatrix} 1 \\ 5 \\ -3 \\ -8 \end{pmatrix}$$

$$\boldsymbol{\lambda}^T \boldsymbol{\nu} = 0, \quad \boldsymbol{\mu}^T \mathbf{x} = 0, \quad \mathbf{x}, \boldsymbol{\lambda}, \boldsymbol{\mu}, \boldsymbol{\nu} \geq \mathbf{0}$$

と表される．なお，以下の（図 4.6）はこの数値例の許容領域（斜線表示部分）及び最適値 $z = -4$，その最適解 $\tilde{\mathbf{x}}^T = (\tilde{x}_1, \tilde{x}_2) = (3, 2)$ であることを示している．

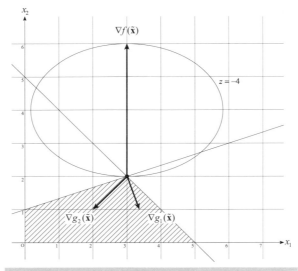

図 4.6：数値例 4.3 のグラフ表示

次章で扱うポートフォリオ選択モデルにおいては，ポートフォリオ投資リスク V_p は意思決定変数の 2 次形式で与えられ，所与のポートフォリオ期待利回り E_p（線形関数）をもたらす投資代替案のうちで，その投資リスクが最小になる投資意思決定をすることを目的とする非線形計画モデルである．したがって，

目的関数は最大化ではなく，最小化モデルとして定義される．

具体的には，ポートフォリオ期待利回りレベル ρ を実現できる投資代替案のなかで最小のポートフォリオ投資リスクの代替案を求める問題は以下のような 2 次計画モデルで表される．

最小化 $\qquad z = f(\mathbf{x}) = \mathbf{x}^T \mathbf{D} \mathbf{x}$
制約条件：
$$\mathbf{A}\mathbf{x} \geq \mathbf{b}$$
$$\mathbf{c}^T \mathbf{x} = \rho$$
$$\mathbf{x} \geq \mathbf{0}$$

このモデルはポートフォリオ投資利回りの期待レベル値を変化させる毎にこの問題を解く必要性が出てくるが，パラメーター ρ をもつ以下の 2 次計画モデル（PQP）を解くことにより，効率的ポートフォリオ（efficient portfolios）の生成が見込まれることが知られている：

(PQP)：
最小化 $\qquad z = f(\mathbf{x}) = \rho(-\mathbf{c}^T \mathbf{x}) + \mathbf{x}^T \mathbf{D} \mathbf{x}$
制約条件：
$$\mathbf{A}\mathbf{x} \geq \mathbf{b}$$
$$\mathbf{x} \geq \mathbf{0}, \quad \forall \rho \geq 0$$

さらに，(PQP) モデルのパラメーター ρ の値を非負の範囲で変化させ，効率的フロンティア（効率的ポートフォリオの (E_p, V_p) 平面上の集合）と呼ばれるポートフォリオの集合が生成される．ここで，$E_p = \mathbf{c}^T \mathbf{x}, V_p = \mathbf{x}^T \mathbf{D} \mathbf{x}$ であるので，目的関数は $z = \rho(-E_p) + V_p$ という関係を示し，期待利回りは大きい方が好ましいので，$-E_p$ を最小化するという目的関数となっている．また，パラメーター ρ の値が大きいことは，ポートフォリオリスクに対する相対的なウェイトが減ることを意味し，パラメーター ρ の値が小さいことは，ポートフォリオリスクに相対的な大きいウェイトをおくことを意味する（殊に，$\rho = 0$ の場合は利回りの最大化ではなく，大域的な最小リスクのポートフォリオを求めることを意味する）．より詳細な内容は次章で述べることにする．

〔補足 4.1〕

一般的には，3次方程式の解は代数的解法あるいはニュートン法などの数値計算により（近似的に）求められることが知られている（本書の範囲を超えているため，それらの内容には触れないが数値計算法の教科書を参照されたい）．以下においては，4.2 節で扱った数値例の固有方程式 $f(\lambda) = -\lambda^3 + 7\lambda^2 - 9\lambda + 2 = 0$ の根の正負に係わる符号の判定を目的として，Excel ソルバーのゴールシーク機能の適用により近似的に固有方程式の実数解が求められる場合があることを以下に示す．

先ず，3次関数 $y = f(\lambda) = -\lambda^3 + 7\lambda^2 - 9\lambda + 2$ のグラフを平面上に描いてみると，（補足図 4.1.1）のようになる．この関数グラフより，この固有方程式には実数根が3つ存在し，全ての根は正値であることが分かる．

そこで，それぞれの根を求める目的で，変数 λ の値について，$0 \leq \lambda \leq 1$, $1 \leq \lambda \leq 2$, $2 \leq \lambda \leq 6$ といった3通りの制約条件を設定して，ソルバーのゴールシーク機能による探索を反復的に3回行なうことで根が近似的に得られる．もちろん，変数 λ の値の範囲設定は各範囲内にそれぞれの根が含まれていればよいので，必ずしも各区間の端点は 1, 2, 6 である必要はない（例えば，この関数の極値（極大・極小）を与える点に設定してもよいであろう）．

Excel ワークシート例は（補足図 4.1.2）のようなものが考えられ，そのワークシートに対するソルバーのパラメーター設定画面図は（補足図 4.1.3）のようなもので与えられる（ただし，（補足図 4.1.3）は上述の3番目のケース，つまり $2 \leq \lambda \leq 6$ という下限値及び上限値を制約条件として考慮する場合を示している）．

（補足図 4.1.2）の Excel ワークシートでは，以下のようなセル入力がされている：

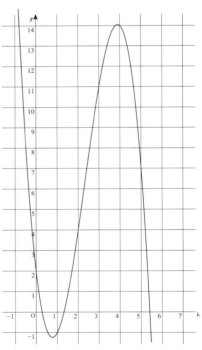

補足図 4.1.1：関数のグラフ

セル C15: =MDETERM(C11:E13)

Excel 関数 MDETERM は =MDETERM（セル範囲）という使われ方がされ，この表現式中の"セル範囲"により定義される 2 次元配列（つまり，行列）データの行列式値を計算する関数である．

補足図 4.1.2：サンプルワークシート図

補足図 4.1.3：「ソルバーのパラメーター」設定図

この数値例では3つの実数近似解 $\lambda_1 \cong 0.2812903$, $\lambda_2 \cong 1.3160309$, $\lambda_3 \cong 5.4026790$ が得られたことになる．いずれの値も正であることから，この数値例のヘッセ行列は正定値であるということが分かる．

　一般的に，固有多項式は本数値例のようにその関数値の増減変化状況が容易に推測できるとは限らず，また，全ての根が実数値であるとも限らないという数学的事実も考慮する必要があろう．したがって，ゴールシーク機能により固有方程式の根を近似的に求める方法は，非線形目的関数のゼロ値を与える近似解の探索は可能であるが，その実数根を体系的に探索する一般的方法としての利用可能性は限定的である．

第5章
ポートフォリオ選択モデルの展開

　前章では，線形計画モデルの拡張としての一般的な非線形計画モデルの解法の理論的基礎を与える Karush-Kuhn-Tucker（KKT）条件及び2次計画モデルの解法の概要を中心に述べた．また，2次計画モデルの一つの応用例として，ポートフォリオ選択モデル（Portfolio Selection Models）があることを前章の終わりで触れた．ポートフォリオ選択モデルはマーコヴィッツ（Markowitz, H.M.）により提唱され，それ以降，様々な展開がなされてきている．本章では，基本的なポートフォリオ選択モデルとともに，その後の発展にも触れながら紹介をする．また，Excel の最適化アドインであるソルバー（併せて，VBA for Excel の中でのソルバー・アドインの利用にも触れる）のポートフォリオ選択モデルへの基本的利用の側面についても紹介する．

5.1　ポートフォリオ分析の基礎

　日本オペレーションズ・リサーチ学会 OR 事典編集委員会による「OR 事典 Wiki [1]」用語編のなかの"ポートフォリオ"の項目には，「投資対象である資産（特に有価証券などの金融資産）の組合せをポートフォリオという．[2]」との記述が与えられている．この用語はファイナンス領域に限らず，経営学の諸領域

---

1) http://www.orsj.or.jp/~wiki/wiki/index.php/
2) http://www.orsj.or.jp/~wiki/wiki/index.php より一部を引用した．同サイトの記述内容は，日本オペレーションズ・リサーチ学会編『OR 用語辞典』(2000)と同一である．

においても用いられているのは周知のことであるが，ここでの目的は，投資対象となり得る全体のうちから，意思決定者の目的(選好性)にかなった投資対象の(種別・数量の)組合せを決定することとみなせる．金融資産という大きな括りにおいては，債券，株式，オプション，デリバティブなど多種多様な投資対象から構成されるが，一般的な投資対象として株式の場合を想定して，以下の説明を進めることにしよう．

投資対象として考慮する株式全体の銘柄総数をnと表すとき，この各銘柄に番号i ($1 \leq i \leq n$)を割り振ると，i番目の銘柄は銘柄iと表される．ある銘柄iの株価は一定期間単位(例えば，年，月，日など)ごとに記録される(あるいは予測される)とし，その期間数をtと表すことにする．ここで，現時点を$t=0$と表すならば，翌期首は$t=1$と表されることになる．株式銘柄iの推定収益率[3](推定リターン)は，

$$推定収益率 = \frac{キャッシュフロー + (P_i^1 - P_i^0)}{P_i^0}$$

$$= \frac{配当などのキャッシュフロー + 株価変動推定値}{期初の証券価格 (投資額)}$$

と与えられる．ただし，上式においては，銘柄iの現在株価をP_i^0，及び翌期首における銘柄iの推定価格をP_i^1と表しており，上記関係式において，'株価変動推定値'は銘柄iの推定されるキャピタル・ゲイン(またはロス)を表している．

上記関係式ではキャッシュフロー及び翌期首価格については推定値を用いらざるを得ないことになるが，同じ関係式の適用によって，過去の一定期間のデータに遡って，実際に発生した各期の実現収益率の計算にも遡って利用できる．すなわち，1期前の期間中に発生したキャッシュフロー(配当など)をD_i^{-1}と表すと，

実現収益率＝キャッシュフロー利回り＋キャピタル・ゲイン

(またはロス)による利回り

[3) 本節で紹介している収益率の定義はファーレル(1990)を参照した．

$$= \frac{D_i^{-1}}{P_i^{-1}} + \frac{P_i^0 - P_i^{-1}}{P_i^{-1}}$$

という2つの利回り（リターン）の和として算定される（上記関係式において，期数は現時点を1期遡ることから，期数は−1と表されている）．

　将来状況が不確実な状況下において，現時点で投資意思決定をする必要があることから，理論的には，リターンの推定を行なうには何らかの確率分布が想定（あるいは推定）されることが要求される．そのような観点から，後述するE-Vモデルにおけるように，確率分布を特徴付ける2つの指標値（パラメーター）である期待値及び標準偏差を推定することが必要となる．その基本的アプローチとしては，

(1) 各株式銘柄の過去一定期間における実現収益率データに基づいた平均値により銘柄のリターン及び標準偏差の推定を行なう．

(2) 幾通りかの将来の状況（シナリオ[4]）を想定し，各将来状況の生起する確率値及びリターンを主観的(subjective)に予測する．

などが一般的であるとされている．

　(1)については後述するが，(2)については過去データの基本統計量の分析結果に準拠する（参考にはするであろうが）代わりに，蓄積された経験・直観・知見に基づく（専門家などによる）主観的予測（推測）値を用いる[5]．ただし，Sharpe(1970)によると，投資家が予測に基づく意思決定を許容するという意味においては，予測それ自体が主観的であるとされている[6]．

　ここで，(2)の場合，すなわち将来状況の想定に基づくリターンの主観的な予測による場合について，簡単な数値例によりながめることにする．この例では

---

[4] 枇々木他(2009)においても，この用語が使われている．

[5] Elton *et al* (2011)に示されている簡単な数値例では，将来状況として'証券市場の将来見通し(market condition)'を3通り（回復，現状推移，悪化）を想定し，各市場見通しにおける株式のリターン推定値に基づきその平均値と標準偏差を求めている．

[6] Sharpe (1970)では，さらに，過去データに基づく確率分布が得られた場合においても，その結果に基づいて意思決定をすることは，将来状況は過去データの延長として大きく相違しないということが暗に仮定されることが必要であると述べられており，その場合には，投資家は客観的に導き出された主観的な(objectively derived subjective)確率分布を採択すると言えよう，とも述べている．

以下の 3 通りの証券市場の将来状況を想定する：好況，現状推移，低迷であるとする．3 通りの将来状況の生起確率及び各将来状況における株式 i の推測されるリターンは(表5.1)のようであるとする．

表5.1：リターン予測値と市場シナリオ及びその生起確率

株式 i	証券市場の将来状況		
	好況	現状推移	低迷
リターン予測値	16	11	6
将来状況生起確率	0.35	0.45	0.2

(リターン予測値数値単位：％)

この 3 通りの証券市場の将来状況（シナリオ）を前提に，リターン予測値を生起確率値によりウェイト付けして計算すると，

$$\text{株式}\,i\,\text{のリターン予測値の平均値} = 16 \times 0.35 + 11 \times 0.45 + 6 \times 0.2$$
$$= 11.75\%$$

となる．つぎに，リターン予測値の分散及びその標準偏差を求めると，

株式 i のリターン予測値の分散

$$= (16-11.75)^2 \times 0.35 + (11-11.75)^2 \times 0.45 + (6-11.75)^2 \times 0.2$$

つまり，分散値 = 13.1875 となるので，標準偏差値 = 3.63146% となることが分かる．以上の簡単な数値例を Excel により実施し，結果を以下の（表5.2）として示す．

表5.2：3 通りのシナリオによる株式のリターン予測値の平均と分散

株式 i	証券市場の将来状況			リターン平均値	リターン分散	リターン標準偏差
	好況	現状推移	低迷			
リターン予測値	16	11	6	11.75	13.1875	3.63146
将来状況生起確率	0.35	0.45	0.2			

つぎに，上記(1)の場合についてながめていくことにする[7]．ある株式の収益率（リターン）は各期に変動するので，収益率のバラツキを示す基本統計量の一つである標準偏差によりその変動状況を把握する．この基本統計量の値が大き

[7) 以下においてもファーレル(1990)を適宜参照した．

いことは，期待収益率(リターンの平均値で近似する)を中心として，リターンの変動範囲が大きいことを意味することから，リターンの変動リスクも大きいとみなされることになる．

一般的に，過去 T 期にわたる株式銘柄の価格データから各期のリターンが計算されているとし，それらのリターン値を $R_1, R_2, \cdots, R_T$ と表すとする．それらのリターンはある確率分布に従う確率変数のサンプル値(標本値)とみなされるので，その確率変数を R で表すとする．このとき，T 期にわたるある株式銘柄価格のリターンの平均値を $\bar{R}$ と表すなら，

$$\bar{R} = \frac{\sum_{i=1}^{T} R_i}{T}$$

と定義される．同様に，リターンの分散[8] S は，

$$S_R = \frac{\sum_{i=1}^{T}(R_i - \bar{R})^2}{T}$$

と定義される．

分散はリターンと同じ次元をもたない統計量（つまり，2乗値）であるから，その平方根値としての標準偏差 s_R を用いることが多く，それは

$$s_R \equiv \sqrt{S_R}$$

と定義される．

つぎに，複数の株式の組合せによるリターンとリスクを求めてみる．先ず，2銘柄からなるポートフォリオを考える．各銘柄の株式を株式1，株式2と呼ぶことにする．第1期から第 T 期において，株式1のリターンを $R_{11}, R_{12}, \cdots, R_{1T}$ と表すとし，株式2のリターンを $R_{21}, R_{22}, \cdots, R_{2T}$ と表すとする．一株式の場合と同様にして，各株式のリターンはある確率分布に従う確率変数として表されるので，株式1のリターンを表す確率変数を R_1，株式2のリターンを表す確率変数を R_2 と表すなら，それぞれの平均値 $\bar{R}_1, \bar{R}_2$ は

---

[8] 分散は不偏分散 $S_R = \dfrac{\sum_{i=1}^{T}(R_i - \bar{R})^2}{T-1}$ ではなく，サンプル数で割り算する分散を使うことにする．

$$\overline{R}_1 = \frac{\sum_{j=1}^{T} R_{1j}}{T}, \quad \overline{R}_2 = \frac{\sum_{j=1}^{T} R_{2j}}{T}$$

で与えられる．このとき，株式1と株式2のリターンの変動の関連性を表す統計量は共分散(covariance)と呼ばれ，それは

$$s_{R_1 R_2} = \frac{1}{T} \sum_{j=1}^{T} (R_{1j} - \overline{R}_1)(R_{2j} - \overline{R}_2)$$

により定義される．さらに，共分散を標準化した統計量として相関係数(correlation coefficient) がある．株式1と株式2のリターンの標準偏差をそれぞれ s_{R_1}, s_{R_2} と表すなら，株式1と株式2のリターンの相関係数 $r_{R_1 R_2}$ は

$$r_{R_1 R_2} \equiv \frac{s_{R_1 R_2}}{s_{R_1} s_{R_2}}$$

として定義され $|r_{R_1 R_2}| \leq 1$ となる．

以上の確認の意味で，以下の簡単な数値例を検討してみる．（表5.3）はある2銘柄株式の10期にわたる価格の推移状況を表しているとする：

表5.3：2銘柄株式の価格推移状況(10期間)[9]

期数：t	0	1	2	3	4	5	6	7	8	9	10
株式1	426	511	474	619	548	662	502	549	603	570	632
株式2	291	322	286	340	296	326	300	328	346	295	353

（表5.3）の価格推移状況を折れ線グラフにて表示すると，（図5.1）のようになる．この（図5.1）をみると，株式1，2ともに，価格上昇，下降傾向に関連性が認められる．Excel分析ツール・アドインの基本統計量の要約は（表5.4）に示されている通りである．

また，相関係数のExcel関数（=CORREL（配列1，配列2））によると，その値は正値の0.74589となり，上述のように価格変動に一定の上昇・下降連動性があることの客観的な数値が得られたことを意味すると言える．

---

[9] このサンプルデータは，根岸康夫著『現代ポートフォリオ理論講義』金融財政事情研究会，2006，(p.30)のデータを部分的に参照した．

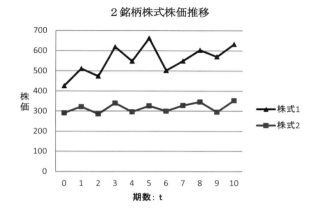

図 5.1：価格推移状況の折れ線グラフ図

表 5.4：2 銘柄株式の基本統計量

株式1		株式2	
平均	554.1818	平均	316.6364
中央値	549	中央値	322
標準偏差	72.13019	標準偏差	23.96361
分散	5202.764	分散	574.2545
範囲	236	範囲	67
最小	426	最小	286
最大	662	最大	353
合計	6096	合計	3483
標本数	11	標本数	11

つぎに，(表 5.3) の株価推移の時系列サンプルデータより，株式 1, 2 のリターンを計算してみると，(表 5.5) のように与えられよう：

Excel 共分散関数 (= COVARIANCE.P (配列 1，配列 2)) を用いると，リターン共分散値は 171.406 であり，また同相関係数値は 0.849 となることが分かる．

また，株式 1 のリターン平均値は 5.307%，株式 2 のリターン平均値は 2.731% である．リターンの標準偏差については，株式 1 は 16.081%，株式 2 は 12.551% という分析結果が得られる．投資対象となり得る株式のリターンの期待値，標準偏差，共分散などについて，主観的な推測値あるいは過去デー

表5.5：2銘柄株式のリターン計算結果

期数：t	0	1	2	3	4	5	6	7	8	9	10
株式1リターン		19.953	-7.241	30.591	-11.470	20.803	-24.169	9.363	9.836	-5.473	10.877
株式2リターン		10.653	-11.180	18.881	-12.941	10.135	-7.975	9.333	5.488	-14.740	19.661

(数値単位：%)

タ分析による推定値が得られたならば，投資対象株式の組合せにより構成されるポートフォリオのリターン期待値，リスク(リターン標準偏差)を分析することが可能になる．次節では，ポートフォリオに含まれる株式数を2銘柄から始めて，n銘柄の場合のポートフォリオ・リターンの期待値及び標準偏差の一般式を求める．

5.2 ポートフォリオ・リターンの期待値と標準偏差

本節では，マーコヴィッツのポートフォリオ最適化モデルにおいて必要となるポートフォリオの期待利回りとポートフォリオ・リスクを求めてみる．

① 2銘柄株式ポートフォリオの場合

あるポートフォリオが株式1及び株式2の2つの株式から構成されているとする．ここで，株式1及び2のリターン確率分布が分かっているとする．株式1の確率変数をR_1，株式2の確率変数をR_2と表すとする．

一般に，ある確率変数RがNとおりの値$r_1, r_2, \cdots, r_N$をとり得る[10]とし，それぞれの生起確率が$p_1, p_2, \cdots, p_N$として与えられているとき，確率変数Rの期待値(Expected value)は$E(R)$と表され，

$$E(R) \equiv \sum_{j=1}^{N} r_j p_j = r_1 p_1 + r_2 p_2 + \cdots + r_N p_N$$

ただし，$p_1 + p_2 + \cdots + p_N = 1, \quad p_1, p_2, \cdots, p_N \geq 0$

と定義される．

期待値の基本的性質として以下のことが成り立つ：

---

[10] 確率変数の取り得る値が有限個な場合(ここでは，Nとおり)は，確率変数は離散的(discrete)であると呼ばれる．連続的(continuous)の対照語と見なせる．

<性質1> ある定数 a に対して，$E(aR) = aE(R)$ である．
すなわち，ある確率変数を定数倍して得られる確率変数の期待値は，もとの確率変数の期待値の a 倍となる．

<性質2> X と Y を2つの確率変数とするとき，$E(X+Y) = E(X) + E(Y)$ である．
すなわち，2つの確率変数の和で与えられる確率変数の期待値はそれぞれの期待値の和として与えられる．

この例においては，$E(R_1) = \mu_1$，$E(R_2) = \mu_2$ で与えられているとする．すなわち，株式1(または株式2)のリターンの期待値は μ_1 (または μ_2) である．また，このポートフォリオにおける，各株式の投資比率(つまり，株式1, 2へのそれぞれの投資株数の割合)を x_1, x_2 とする．ただし，$x_1 + x_2 = 1$，$x_1, x_2 \geq 0$ であるとする．各株式のリターンを表す確率変数に投資比率によりウェイト付けして表されたものの和として表される確率変数(これがポートフォリオ・リターンを表す)を R_p と表すとすると，R_p は

$$R_p = x_1 R_1 + x_2 R_2 \tag{5.1}$$

となる．よって，その期待値をとると

$$E(R_p) = E(x_1 R_1 + x_2 R_2)$$

と表される．ここで，$X = x_1 R_1, Y = x_2 R_2$ とみなすと，<性質2>により，

$$E(R_p) = E(x_1 R_1) + E(x_2 R_2)$$

となることが分かる．さらに<性質1>により，

$$E(R_p) = x_1 E(R_1) + x_2 E(R_2)$$

となり，それぞれの株式の1株当たりのリターンの期待値が μ_1, μ_2 として表されることから，投資比率でウェイト付けされたポートフォリオのリターン期待値 μ_p は

$$E(R_p) \equiv \mu_p = x_1\mu_1 + x_2\mu_2 \tag{5.2}$$

となる.

確率変数 R の期待値 $E(R)$ を μ_R と表すと(つまり $E(R) \equiv \mu_R$ と表記すると),確率変数 R の分散(Variance)は $Var(R)$ と表され,

$$Var(R) = E\left[(R - E(R))^2\right] = E\left[(R - \mu_R)^2\right]$$

つまり,確率変数とその期待値の差の 2 乗の期待値により定義される.ここで,この差の 2 乗は $(R - \mu_R)^2 = R^2 - 2\mu_R R + (\mu_R)^2$ と展開されるので,

$$\begin{aligned}Var(R) &= E\left[(R - \mu_R)^2\right] = E\left(R^2 - 2\mu_R R + (\mu_R)^2\right) \\ &= E(R^2) - 2\mu_R E(R) + (\mu_R)^2\end{aligned}$$

すなわち,

$$Var(R) = E(R^2) - 2\mu_R E(R) + (\mu_R)^2 = E(R^2) - (\mu_R)^2$$

あるいは,

$$Var(R) = E(R^2) - (\mu_R)^2 = E(R^2) - (E(R))^2 \tag{5.3}$$

よって,確率変数の分散は"確率変数の 2 乗の期待値と期待値の 2 乗の差"で表されることが示された.

次に,ポートフォリオ・リターンの分散を求めてみる.ポートフォリオ・リターンの分散は(5.1)~(5.3)式により,

$$Var(R_p) = E\left[(R_p)^2\right] - (\mu_p)^2 = E\left[(x_1 R_1 + x_2 R_2)^2\right] - (x_1\mu_1 + x_2\mu_2)^2$$

すなわち,

$$\begin{aligned}Var(R_p) &= E\left[(x_1 R_1 + x_2 R_2)^2\right] - (x_1\mu_1 + x_2\mu_2)^2 \\ &= E(x_1^2 R_1^2 + 2x_1 x_2 R_1 R_2 + x_2^2 R_2^2) - (x_1^2 \mu_1^2 + 2x_1 x_2 \mu_1 \mu_2 + x_2^2 \mu_2^2) \\ &= x_1^2 E(R_1^2) + 2x_1 x_2 E(R_1 R_2) + x_2^2 E(R_2^2) - (x_1^2 \mu_1^2 + 2x_1 x_2 \mu_1 \mu_2 + x_2^2 \mu_2^2) \\ &= x_1^2 (E(R_1^2) - \mu_1^2) + 2x_1 x_2 (E(R_1 R_2) - \mu_1 \mu_2) + x_2^2 (E(R_2^2) - \mu_2^2)\end{aligned}$$

ここで，$Var(R_1) = E(R_1^2) - (\mu_1)^2$，$Var(R_2) = E(R_2^2) - (\mu_2)^2$ と表されるので，

$$Var(R_p) = x_1^2 Var(R_1) + 2x_1 x_2 (E(R_1 R_2) - \mu_1 \mu_2) + x_2^2 Var(R_2)$$

と表される．また，確率変数 R_1, R_2 の共分散 (covariance) を $Cov(R_1, R_2)$ と表すとき，1対の確率変数 R_1, R_2 の共分散は

$$Cov(R_1, R_2) = E(R_1 R_2) - \mu_1 \mu_2$$

と定義される．したがって，ポートフォリオ・リターンの分散は

$$Var(R_p) = x_1^2 Var(R_1) + x_2^2 Var(R_2) + 2x_1 x_2 Cov(R_1, R_2) \tag{5.4}$$

で与えられることが示された．ここで，確率変数 R_1, R_2 の標準偏差をそれぞれ σ_1, σ_2 と表すとき，

$$\sigma_1 = \sqrt{Var(R_1)}, \quad \sigma_2 = \sqrt{Var(R_2)}$$

と定義される．また，株式1と株式2のリターンの相関係数を ρ_{12} と表すと

$$\rho_{12} \equiv \frac{Cov(R_1, R_2)}{\sigma_1 \sigma_2} \tag{5.5}$$

と定義される．これらの表記を用いると

$$Var(R_p) = x_1^2 \sigma_1^2 + x_2^2 \sigma_2^2 + 2 x_1 x_2 \rho_{12} \sigma_1 \sigma_2 \tag{5.6}$$

と表されることが分かる．ポートフォリオ・リターンの分散は，株式のリターン分布と同じ次元をもっていないので，ポートフォリオ・リスクの指標としては，ポートフォリオ・リターン標準偏差を用いることが多く，それを σ_p と表すと

$$\sigma_p = \sqrt{Var(R_p)}$$

あるいは，

$$\sigma_p = \sqrt{x_1^2 \sigma_1^2 + x_2^2 \sigma_2^2 + 2 x_1 x_2 \rho_{12} \sigma_1 \sigma_2}$$
$$\sigma_p = \left(x_1^2 \sigma_1^2 + x_2^2 \sigma_2^2 + 2 x_1 x_2 \rho_{12} \sigma_1 \sigma_2 \right)^{1/2} \quad (5.7)$$

となる．

② 3 銘柄株式ポートフォリオの場合

2 銘柄株式の場合と同様に，ポートフォリオを構成する 3 銘柄は，株式 1，株式 2，株式 3 であるとする．また，各銘柄の投資比率は x_1, x_2, x_3 と表し，$x_1 + x_2 + x_3 = 1$，$x_1, x_2, x_3 \geq 0$ であるとする．同様に，ポートフォリオ・リターンの確率変数を R_P とすると，

$$R_P = x_1 R_1 + x_2 R_2 + x_3 R_3$$

と表されるので，

$$E(R_P) \equiv \mu_P = E(x_1 R_1 + x_2 R_2 + x_3 R_3) = x_1 \mu_1 + x_2 \mu_2 + x_3 \mu_3$$

となる．また，

$$\begin{aligned} E(R_P^2) &= E\left[(x_1 R_1 + x_2 R_2 + x_3 R_3)^2 \right] \\ &= E\left[x_1^2 R_1^2 + x_2^2 R_2^2 + x_3^2 R_3^2 + 2(x_1 x_2 R_1 R_2 + x_2 x_3 R_2 R_3 + x_3 x_1 R_3 R_1) \right] \end{aligned}$$
$$E(R_P^2) = x_1^2 E(R_1^2) + x_2^2 E(R_2^2) + x_3^2 E(R_3^2) + 2\left[x_1 x_2 E(R_1 R_2) + x_2 x_3 E(R_2 R_3) + x_3 x_1 E(R_3 R_1) \right]$$

となる．同様に，

$$\begin{aligned} (E(R_P))^2 &= (x_1 \mu_1 + x_2 \mu_2 + x_3 \mu_3)^2 \\ &= x_1^2 \mu_1^2 + x_2^2 \mu_2^2 + x_3^2 \mu_3^2 + 2(x_1 x_2 \mu_1 \mu_2 + x_2 x_3 \mu_2 \mu_3 + x_3 x_1 \mu_3 \mu_1) \end{aligned}$$

よって，(5.3)式の定義から $Var(R_P) = E(R_P^2) - (E(R_P))^2$ と表されるので，

$$\begin{aligned} Var(R_P) = {} & x_1^2 Var(R_1) + x_2^2 Var(R_2) + x_3^2 Var(R_3) \\ & + 2(x_1 x_2 Cov(R_1, R_2) + x_1 x_3 Cov(R_1, R_3) + x_2 x_3 Cov(R_2, R_3)) \end{aligned}$$

あるいは，

$$Var(R_P) = \sum_{i=1}^{3} x_i^2 Var(R_i) + 2 \sum_{i=1}^{2} \sum_{j=i+1}^{3} x_i x_j Cov(R_i, R_j) \quad (5.8)$$

となる．

一般的に，n 銘柄株式からなるポートフォリオ・リターンの期待値と分散は

$$E(R_p) = \sum_{i=1}^{n} x_i E(R_i) \qquad (ただし, \sum_{i=1}^{n} x_i = 1, \ x_1, x_2, \cdots, x_n \geq 0)$$
$$Var(R_p) = \sum_{i=1}^{n} x_i^2 Var(R_i) + \sum_{i=1}^{n} \sum_{j=1, j \neq i}^{n} x_i x_j \ Cov(x_i, x_j) \qquad (5.9)$$
あるいは,
$$Var(R_p) = \sum_{i=1}^{n} x_i^2 Var(R_i) + 2 \sum_{i=1}^{n-1} \sum_{j=i+1}^{n} x_i x_j \ Cov(x_i, x_j)$$

と与えられる.

また,後述するように,各銘柄株式の投資比率に応じたポートフォリオ・リターンの期待値と標準偏差(リスク指標)という2つの値を用いて評価する必要があることから,(5.9)式をその形式で表すことも必要となろう.そこで,各銘柄株式のパラメーター $\mu_i, \sigma_i \ (1 \leq i, j \leq n)$ を以下のように定義する:

$$\mu_p = E(R_p), \sigma_p = \sqrt{Var(R_p)}$$
$$E(R_i) = \mu_i, \ \sigma_i^2 = Var(R_i), \ Cov(R_i, R_j) = \rho_{ij} \sigma_i \sigma_j \quad \forall 1 \leq i, j \leq n, j \neq i$$

このとき,(5.9)式は以下のように表される:

$$\mu_p = \sum_{i=1}^{n} x_i \mu_i$$
$$\sigma_p^2 = \sum_{i=1}^{n} x_i^2 \sigma_i^2 + \sum_{i=1}^{n} \sum_{j=1, j \neq i}^{n} x_i x_j \ \rho_{ij} \sigma_i \sigma_j \qquad (5.10)$$
あるいは,
$$Var(R_p) = \sum_{i=1}^{n} x_i^2 Var(R_i) + 2 \sum_{i=1}^{n-1} \sum_{j=i+1}^{n} x_i x_j \ \rho_{ij} \sigma_i \sigma_j$$

以上の確認の意味で,以下において2銘柄株式からなるポートフォリオの数値例をながめてみることにする.一般的な2銘柄からなるポートフォリオ・リターンの期待値と標準偏差は(5.2)及び(5.7)式で与えられている.標準偏差を与える(5.7)式を再掲すると,

$$\sigma_p = \sqrt{x_1^2 \sigma_1^2 + x_2^2 \sigma_2^2 + 2 x_1 x_2 \ \rho_{12} \sigma_1 \sigma_2} \qquad (5.7)$$

である.上式において,2銘柄リターンの相関係数を表す $\rho_{R_1 R_2}$ が特殊な値(すなわち,+1(完全な正の相関)または-1(完全な負の相関))をとる場合には,ポートフォリオ・リターン σ_p は2変数 x_1, x_2 の1次関数で表されることに注目して個別にながめていくことにする.数値例として,株式1,株式2のリ

ターンの期待値と標準偏差が(表5.6)のように与えられているとする．

表5.6：株式2銘柄リターンの数値例

株式銘柄	リターン期待値	リターン標準偏差
株式1(S_1)	7	3
株式2(S_2)	15	7

(単位：%)

ⅰ) 2銘柄株式ポートフォリオ・リターンの標準偏差 $\rho_{12}=1$ の場合：

(5.7)式において $\rho_{12}=1$ であるならば，標準偏差は

$$\sigma_p = \sqrt{x_1^2\sigma_1^2 + x_2^2\sigma_2^2 + 2x_1x_2\,\sigma_1\sigma_2}$$

であり，$x_1, x_2, \sigma_1, \sigma_2 \geq 0$ であるから，

$$\sigma_p = \sqrt{(x_1\sigma_1 + x_2\sigma_2)^2} = |x_1\sigma_1 + x_2\sigma_2| = x_1\sigma_1 + x_2\sigma_2$$

となる．(5.2)式より，

$$\mu_p = x_1\mu_1 + x_2\mu_2$$

である．すなわち，以下の3条件(1)～(3)が成り立つ：

$$\begin{cases} \sigma_P = x_1\sigma_1 + x_2\sigma_2 & (1) \\ \mu_P = x_1\mu_1 + x_2\mu_2 & (2) \\ x_1 + x_2 = 1 \quad (x_1, x_2, x_3 \geq 0) & (3) \end{cases}$$

ここで，2次元平面 (σ_p, μ_p) を考えると，(1)～(3)の条件は，次のベクトル関係式とみなせる：

$$\begin{pmatrix} \sigma_P \\ \mu_P \end{pmatrix} = x_1\begin{pmatrix} \sigma_1 \\ \mu_1 \end{pmatrix} + x_2\begin{pmatrix} \sigma_2 \\ \mu_2 \end{pmatrix}, \quad x_1 + x_2 = 1 \quad (x_1, x_2, x_3 \geq 0)$$

となる．この関係は，(σ_p, μ_p) 平面の3点 P, S_1, S_2 のベクトルをそれぞれ

$\mathbf{P}^T = (\sigma_P, \mu_P)$，$\mathbf{S}_1^T = (\sigma_1, \mu_1)$，$\mathbf{S}_2^T = (\sigma_2, \mu_2)$ と表すと，

$$\mathbf{P} = x_1\mathbf{S}_1 + (1-x_1)\mathbf{S}_2, \quad x_1 \geq 0$$

と表されるので，点 P は点 S_1 及び点 S_2 の凸結合（4.1 節の図 4.1 参照のこと）として表されることを示している．すなわち，株式 1 への投資比率 x_1 を $0 \leq x_1 \leq 1$ という範囲で変化させたときに得られるポートフォリオ・リターンの全体の集合は，点 S_1 及び点 S_2 を結ぶ線分を表すことになる（もちろん，$x_1 = 0$ ならば点 P は点 S_2（つまり，株式 2）と一致し，$x_1 = 1$ ならば点 P は点 S_1（つまり，株式 1）と一致する）．この数値例における線分の方程式（傾き 2，切片 1）は

$$\mu_P = 2\sigma_P + 1, \qquad (3 \leq \sigma_P \leq 7) \tag{5.11}$$

となる（（図 5.2）参照）．

ii）2 銘柄株式ポートフォリオ・リターンの標準偏差 $\rho_{12} = -1$ の場合：
(5.7)式において $\rho_{12} = -1$ であるならば，標準偏差は

$$\sigma_p = \sqrt{x_1^2 \sigma_1^2 + x_2^2 \sigma_2^2 - 2 x_1 x_2 \sigma_1 \sigma_2}$$

同様に，

$$\sigma_p = \sqrt{(x_1 \sigma_1 - x_2 \sigma_2)^2} = |x_1 \sigma_1 - x_2 \sigma_2| \tag{5.12}$$

となる．また，(5.12)式は $|x_1 \sigma_1 - x_2 \sigma_2| = 0$ すなわち，

$$x_1 \sigma_1 - x_2 \sigma_2 = 0 \tag{5.13}$$

となる投資比率 x_1, x_2 が存在することを示している．ここで，$x_2 = 1 - x_1$ であるから，(5.13)式に代入すると，

$$x_1 \sigma_1 - (1 - x_1) \sigma_2 = 0$$

ゆえ，

$$x_1 = \frac{\sigma_2}{\sigma_1 + \sigma_2}, \; x_2 = \frac{\sigma_1}{\sigma_1 + \sigma_2} \tag{5.14}$$

という投資比率により，$\sigma_P = 0$ となることが分かる．$\sigma_P = 0$ のときのポートフォリオ・リターンの期待値を $\tilde{\mu}_P$ と表すと，

$$\tilde{\mu}_P = \frac{\sigma_2}{\sigma_1+\sigma_2}\mu_1 + \frac{\sigma_1}{\sigma_1+\sigma_2}\mu_2 = \frac{\mu_2\sigma_1+\mu_1\sigma_2}{\sigma_1+\sigma_2}$$

となる．(5.12)式において，以下の 2 つの場合について検討する：

(a) $x_1\sigma_1 - x_2\sigma_2 \geq 0$ の場合[11]：

$$\begin{aligned}\sigma_P &= x_1\sigma_1 - x_2\sigma_2 \\ &= x_1\sigma_1 - (1-x_1)\sigma_2 \\ &= (\sigma_1+\sigma_2)x_1 + \sigma_2\end{aligned}$$

$$\therefore \quad x_1 = \frac{\sigma_P+\sigma_2}{\sigma_1+\sigma_2}, \quad 1-x_1 = \frac{\sigma_1-\sigma_P}{\sigma_1+\sigma_2}$$

したがって，

$$\mu_P = \frac{\sigma_P+\sigma_2}{\sigma_1+\sigma_2}\mu_1 + \frac{\sigma_1-\sigma_P}{\sigma_1+\sigma_2}\mu_2$$

となり，(μ_P, σ_P) 平面上での式は

$$\mu_P = \frac{\mu_1-\mu_2}{\sigma_1+\sigma_2}\sigma_P + \frac{\mu_2\sigma_1+\mu_1\sigma_2}{\sigma_1+\sigma_2} \tag{5.15}$$

と表される．

(表 5.6) の数値によると $\mu_1 = 7$，$\mu_2 = 15$，$\sigma_1 = 3$，$\sigma_2 = 7$ であるから，(5.15)式は

$$\mu_P = \frac{7-15}{3+7}\sigma_P + \frac{15\times3+7\times7}{3+7} = -\frac{4}{5}\sigma_P + 9\frac{2}{5}$$

この直線の切片値 $9\frac{2}{5}\left(=\frac{47}{5}\right)$ は，リターンの標準偏差がゼロのポートフォリオを表し，x_1 の投資比率が $\frac{\sigma_P+\sigma_2}{\sigma_1+\sigma_2} = \frac{0+7}{3+7} = 0.7$，残りの 30% は x_2 に投資することで実現される．

(b) $x_1\sigma_1 - x_2\sigma_2 < 0$ の場合：

計算手順は(a)の場合と同様であり，

---

[11] ある数 a の絶対値 $|a|$ の定義より，$a \geq 0$ ならば $|a| = a$，$a < 0$ ならば $|a| = -a$ である．

$$\sigma_P = -x_1\sigma_1 + x_2\sigma_2$$
$$= -x_1\sigma_1 + (1-x_1)\sigma_2$$
$$= -(\sigma_1 + \sigma_2)x_1 + \sigma_2$$
$$\therefore \quad x_1 = \frac{-\sigma_P + \sigma_2}{\sigma_1 + \sigma_2}, \quad 1 - x_1 = \frac{\sigma_1 + \sigma_P}{\sigma_1 + \sigma_2}$$

したがって，

$$\mu_P = \frac{-\sigma_P + \sigma_2}{\sigma_1 + \sigma_2}\mu_1 + \frac{\sigma_1 + \sigma_P}{\sigma_1 + \sigma_2}\mu_2$$

となり，(μ_P, σ_P) 平面上での式は

$$\mu_P = \frac{\mu_2 - \mu_1}{\sigma_1 + \sigma_2}\sigma_P + \frac{\mu_2\sigma_1 + \mu_1\sigma_2}{\sigma_1 + \sigma_2} \tag{5.16}$$

同様にして，数値例における(5.16)式の直線の式は，

$$\mu_P = \frac{15 - 7}{3 + 7}\sigma_P + \frac{15 \times 3 + 7 \times 7}{3 + 7} = \frac{4}{5}\sigma_P + 9\frac{2}{5}$$

となる(図 5.2 参照)．

　負の完全相関（$\rho_{12} = -1$）をもつ 2 銘柄のポートフォリオは標準偏差がゼロとなる点と各銘柄を表す点を結ぶ 2 本の直線を表している（(図 5.2) 参照）．また，2 本の直線の傾きは正負の符号を除いて同じ値をとることが（5.15）及び(5.16)式を比較すると分かる．

　2 銘柄ポートフォリオについては，それぞれのリターンにおいて，正または負の完全相関関係があるという特殊な(あるいは通常は起きない) 2 つの場合についての分析ができたわけであるが，相関係数の値が $-1 < \rho_{12} < 1$ となる場合のリターン期待値と標準偏差の関係をみるために，ある値，例えば $\rho_{12} = 0.45$ の場合を Excel により計算させてみた結果は (図 5.2) に示されている．この図に示されているように，完全相関関係が成り立たない場合には，期待値と標準偏差の関係は直線関係ではなく曲線となるが，その曲線は完全相関が成り立つ場合の三角形の内部に位置する．相関係数 ρ_{12} の値を変化させたときに示されるいくつかの例を示したものが(図 5.3)に示されている．(図 5.3)において，点 P, Q, R は，相関係数が－1，－0.75，－0.3 の 3 つの場合における最小のポートフォリオ・リターン標準偏差を与えるポートフォリオを表している．

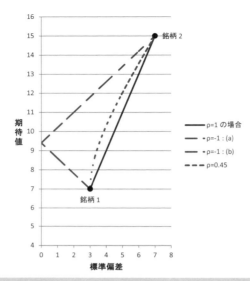

図 5.2：2 銘柄株式のリターンの相関係数値のポートフォリオへの影響

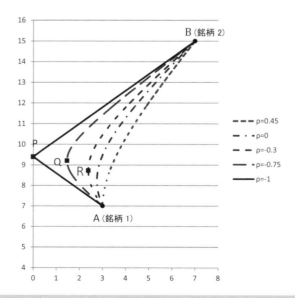

図 5.3：相関係数とリターン期待値と標準偏差の関係

(図5.3) から推測されることは，$\rho_{12} = -1$ の場合，線分 $\overline{PB}$ 上のポートフォリオは，線分 $\overline{PA}$ 上のポートフォリオより同じ標準偏差（リスク）において，より大きなリターン期待値をもたらすことから，より優れているとみなされる．同様なことが，$\rho_{12} = -0.75, -0.3$ の場合にも言え，曲線部分 QB, RB 上のポートフォリオは，曲線部分 QA, RA 上のポートフォリオよりも優れているとみなせる．また，$\rho_{12} = 0.45$ の場合は，最小の標準偏差を与えるポートフォリオは点 A（すなわち，100%銘柄1からなるポートフォリオ）であり，2点 A, B を結ぶ曲線上のポートフォリオは全てが考慮対称となり得ることが分かる．つまり，最小分散（または，最小標準偏差）ポートフォリオが分かれば，この2次元 (σ_p, μ_p) 平面上での考慮対称として扱われるべきポートフォリオの集合が判別されることを意味している．このことは，次節で扱うマーコヴィッツモデルの基本的な要点である．

5.3 マーコヴィッツ E-V モデルの概要

前節で，2銘柄（つまり，$n = 2$）の場合における，ポートフォリオ・リターンの期待値と標準偏差という2つの統計的指標値によりポートフォリオの特徴をながめてみた．しかし，(図5.2)，(図5.3)では，1銘柄の投資比率を任意に変化させて，近似的に得られる曲線を図式的に表した結果に過ぎないことから，厳密な（連続的な曲線として表される）ポートフォリオの集合を表しているわけではない[12]．一般的に，n 個の銘柄を扱う場合には，前節の分析手法により解決することは困難であるといえる．そこで，前章の終わりに述べたような2次計画モデルを考慮する必要があるので，つぎに，マーコヴィッツのポートフォリオ選択最適化モデルを紹介することにしよう．

マーコヴィッツは投資対象として与えられた n 個の株式銘柄の中から，投資家により与えられたポートフォリオ・リターンの期待値 (E) に対して，ポートフォリオ・リターンの分散 (V) が最小になる投資比率をもたらす最適投資ポー

---

[12] これらの図においては，投資比率を変化させて得られるポートフォリオを表す（離散的に得られる）サンプルを，見かけ上連続的な曲線（あるいは直線）として示しているに過ぎない．

トフォリオを導出する最適化モデル（optimization model）を定義した．最適化モデルとは，所与の投資制約条件の下で，目的とする値（ここではポートフォリオ・リターンの分散値）が最適になる（その最小値を求めることに該当する）解を決定するために定義された数学的モデルのことである．下記のように目的とする値は意思決定変数の値により計算される関数で定義される．

また，投資制約条件には，
① 決定される最適な投資比率に基づくポートフォリオ・リターンの期待値は投資家により規定された期待レベル値以上であること
② 各株式の投資比率の合計が1となること
③ 投資比率値は非負の値をとること（つまり，空売りなどの保有していない株式を売ることは考慮しないこと）

などが一般的である．

一般的に，n 株式銘柄が投資対象としてあるとし，投資家により規定されたポートフォリオ・リターンの期待レベル値（パラメーターとしてみなし，その値を r_p と表す）以上の期待値が見込まれる最小分散をもたらす最適投資比率を決定する最適化モデルは以下のように与えられる：

＜マーコヴィッツ基本モデル：MBM＞

最小化　　$Z = Var(R_p) = \sum_{i=1}^{n} x_i^2 Var(R_i) + \sum_{i=1}^{n}\sum_{j=1, j \neq i}^{n} x_i x_j Cov(R_i, R_j)$

制約条件：

$$E(R_p) = \sum_{i=1}^{n} x_i E(R_i) \geq r_p \qquad ①$$

$$\sum_{i=1}^{n} x_i = 1 \qquad ②$$

$$x_1, x_2, \cdots, x_n \geq 0 \qquad ③$$

つまり，この最適化問題は，上記①～③の制約条件を満たす投資比率 $x_1, x_2, \cdots, x_n$ により構成されるポートフォリオの中から，そのポートフォリオ・リターン分散値 Z が最小となる投資比率（つまり，各株式の組入比率値）を決定する意思決定問題である．

ここで，（後述するリスク回避型）投資家により規定される期待レベル値の最小値は，先述した MBM モデルにおける①の制約を考慮せずに定義される以

下の問題の解により与えられるポートフォリオ・リターン期待値となる：
<MBM 副問題>
最小化　　$Z = Var(R_p) = \sum_{i=1}^{n} x_i^2 Var(R_i) + \sum_{i=1}^{n}\sum_{j=1, j\neq i}^{n} x_i x_j Cov(R_i, R_j)$
制約条件：
$$\sum_{i=1}^{n} x_i = 1$$
$$x_1, x_2, \cdots, x_n \geq 0$$

<MBM 副問題>の最適化においては，ポートフォリオ・リターン分散値が(共分散行列が正値または半正値であるならば)全域的最小となるポートフォリオの投資比率を決定する問題である．したがって，そのポートフォリオ・リターン期待値以下のポートフォリオでは，期待値が減少する一方，ポートフォリオ分散は増加することを意味するので，投資対象として考慮する必要はなくなることを示唆している．よって，この<MBM 副問題>で得られるポートフォリオ・リターンの期待値は投資家により規定されるポートフォリオ・リターンの期待レベル値の最小値と見なせることになる．ここで，<MBM 副問題>の最適解を

$$x_1 = x_1^*, x_2 = x_2^*, \cdots, x_n = x_n^*$$

により表すならば，この最適投資比率に基づくポートフォリオ・リターン期待値 μ_p^* は

$$\mu_p^* = \sum_{i=1}^{n} x_i^* E(R_i)$$

により与えられる．通常，投資家により規定されるポートフォリオ・リターンの期待レベル値 r_p は $\mu_p^* \leq r_p$ となる．

そこで，投資家のリターン期待レベル値に依存せずに，ポートフォリオ・リターン期待値を表すパラメーター r を $\mu_p^* \leq r$ の範囲で変化させて得られる各々の最適投資比率に基づき計算されるポートフォリオ・リターン期待値 μ_p 及びポートフォリオ・リターン標準偏差値 σ_p を，横軸に σ_p，縦軸に μ_p とする2次元平面上にプロットしていくことで，一連の点を平面上に描くことが可能と

なる．このようにして得られる各々の点から推測される近似曲線はポートフォリオ・リターンの効率的フロンティア（efficient frontier）と呼ばれる．この効率的フロンティアが導出されると，投資家のリターン期待レベルに対する最適ポートフォリオは効率的フロンティアの一つとなることが分かる．

以上の確認の意味で，つぎの4銘柄株式からなる数値例により，ポートフォリオの効率的フロンティアを求めてみることにする．4銘柄のリターンの期待値と標準偏差は（表5.7）のように推定されているとする：

表5.7：4銘柄のリターン期待値と標準偏差

	銘柄1	銘柄2	銘柄3	銘柄4
期待値	4.63	12.53	16.09	9.65
標準偏差	3.23	9.34	11.29	7.31

（単位：％）

同様に，共分散及び相関係数は（表5.8）及び（表5.9）として推定されているとする：

表5.8：4銘柄リターン共分散

共分散	銘柄1	銘柄2	銘柄3	銘柄4
銘柄1	10.45	5.10	-8.07	3.28
銘柄2	5.10	87.22	50.40	-32.38
銘柄3	-8.07	50.40	127.37	-46.67
銘柄4	3.28	-32.38	-46.67	53.44

表5.9：4銘柄のリターン相関係数

相関係数	銘柄1	銘柄2	銘柄3	銘柄4
銘柄1	1	0.17	-0.22	0.14
銘柄2	0.17	1	0.48	-0.47
銘柄3	-0.22	0.48	1	-0.57
銘柄4	0.14	-0.47	-0.57	1

この数値例をExcel[13]により解く目的で，（図5.4）のようなサンプル・ワー

---

13) 著者が用いているExcelはMicrosoft Office 2010のパッケージ版であり，VBA for Excelもそのパッケージとして含まれているものを使用している．

クシートを構成してみた．

（図 5.4）において，ワークシート図の上部領域はモデル・データ表示領域であり，マーコヴィッツ基本モデルの投資比率に係わる制約①とリターン期待値の要求水準に係わる制約②は，ソルバー最適化の制約条件の指定において利用可能なセル関係式として，20 行目と 16 行目に用意されている．目的関数はポートフォリオ分散を計算する式として，セル B22 に以下のように設定されている：

=MMULT(Invested,MMULT(CovarMat,TRANSPOSE(Invested)))

ただし，Invested はセル範囲 \$B\$16:\$E\$16 に設定したセル範囲名であり，CovarMat はセル範囲 \$H\$9:\$K\$12 の共分散データ範囲に設定した範囲名である．

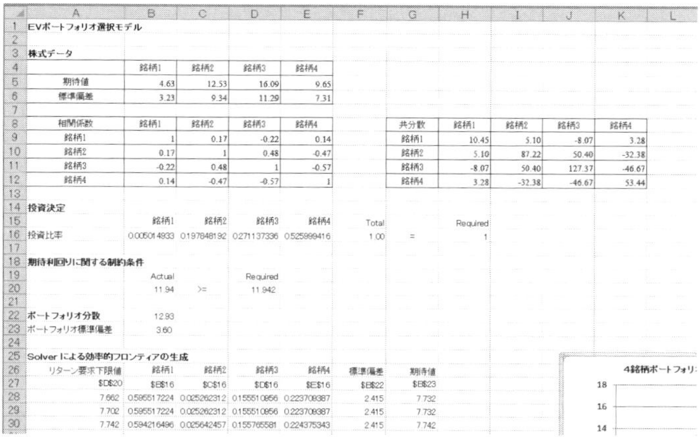

図 5.4：サンプル・ワークシート図

前述のとおり，先ず最小分散ポートフォリオを決定する必要があることから，＜MBM 副問題＞を（図 5.5）の'ソルバーのパラメーター'ダイアログボックスにより設定する：

（図 5.5）の'目的セルの設定'ボックス入力における PortVar は，セル B22 に設定している範囲名である．また，セル B22 に入力されているポートフォリオ分散の計算式 =MMULT（Invested,MMULT（CovarMat, TRANSPOSE

図 5.5：最小分散ポートフォリオ決定におけるソルバーの利用

(Invested)))において使われているExcel関数 =MMULT()はセル範囲として与えられている行列の乗算を実行する関数（ここでは，共分散行列と投資比率ベクトルの乗算）であり，この計算式の入力を確定するときには，Ctrl キーと Shift キーを押しながら，Enter キーを押す必要がある(このキー操作による入力はExcelの行列関連の関数を入力するときに必要となる)．この＜MBM副問題＞の解は，

最小分散ポートフォリオ

投資株式銘柄	銘柄1	銘柄2	銘柄3	銘柄4
投資比率	0.607	0.023	0.155	0.215
ポートフォリオ分散値	5.837			
ポートフォリオ標準偏差	2.416			
ポートフォリオ期待値	7.662			

となっている．やはり，リターン標準偏差が最小な銘柄1の投資比率が6割近くを占めている．つぎに，(図5.6)の'ソルバーのパラメーター'ダイアログボックスにより設定し，＜マーコヴィッツ基本モデル：MBM＞を解くことになる．

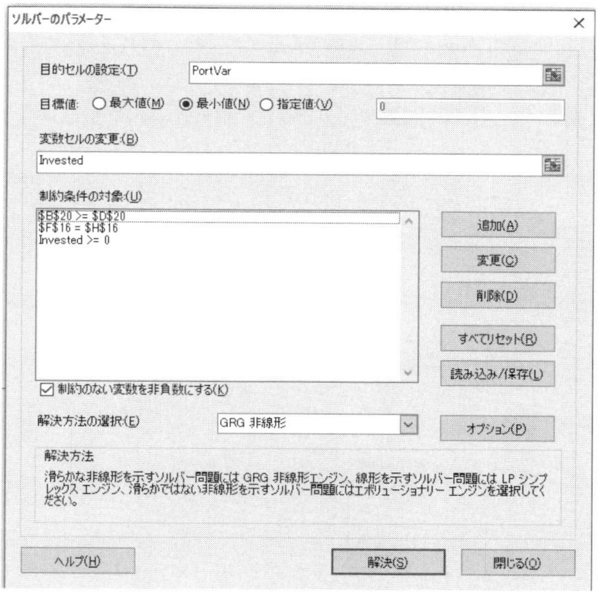

図5.6：マーコヴィッツ基本モデル：MBMの制約条件①を付加

＜マーコヴィッツ基本モデル：MBM＞のソルバーによる定義では，(図5.5)の＜MBM副問題＞のパラメーター設定における'制約条件の対象'ボックスに制約条件① $\mu_p = E(R_p) \geq r_p$ に該当するセル関係式を付加する必要がある（(図5.6) での第1番目の制約に該当するものが付加されたものである）．ここで，効率的フロンティアの軌跡を近似的に (σ_p, μ_p) 平面上に描くためには，制約条件式①における，投資家のポートフォリオ・リターン要求下限値パラメーター r_p を適切な増加幅により変化させていくことが必要となる．このために，最小分散ポートフォリオのリターン期待値 $r_p = 7.662$ を始点にして，増加幅を

0.04に設定して反復的にソルバーを適用し，4銘柄のなかで最大のリターンをもつ銘柄3のリターン期待値16.09を r_p の最大値とし，この値を超えたならば終了となるVBAマクロを実行した．VBAマクロのなかでソルバーを利用するには，

   SolverSolve Userfinish:=True

というステートメントを繰り返し処理のなかに加えることでスムーズに実行できる[14]．実行した結果は（図5.7）で与えられる：

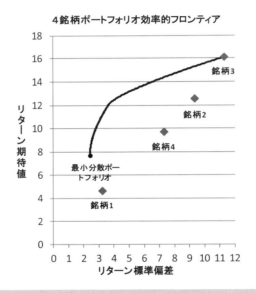

図5.7：近似的に得られた数値例の効率的フロンティア

このマクロ実行に際しては，（図5.6）のようなソルバーのパラメーター設定を済ませておくことを前提としているが，章末の［補足5.1］のSolver関数を用いればより自由度を高めたソルバーの利用も可能である．

（図5.7）によると，(σ_p, μ_p) 平面上に示されている近似的な効率的フロンティア曲線は，最小分散ポートフォリオとポートフォリオを構成する株式銘柄

---

14) ソルバー関数の利用については，［補足5.1］で説明するが，詳細はAlbright(2007)を参照されたい．

の中で最大のリターン期待値をもつ株式（本数値例では銘柄3）に100%投資するポートフォリオを両端の点としてもつ曲線として描かれている．この曲線上のポートフォリオは，＜マーコヴィッツ基本モデル：MBM＞が意味するように，その曲線の下に位置する構成可能なポートフォリオより選好される（好ましい）とみなされる．（図5.8）によりこの点をながめてみることにする．

（図5.8）において，4つのポートフォリオA, B, C, Dが(σ_P, μ_P)平面上に図示されている．ポートフォリオA, Cは効率的フロンティア曲線上のポートフォリオであるとする．また，この平面上でポートフォリオBとDは効率的ポートフォリオではないが，ある投資比率により定義されるポートフォリオであるとする．ポートフォリオAとBの関係をみると，両方ともに同じポートフォリオ・リターン標準偏差を持っているが，ポートフォリオ・リターン期待値はAの方が大きいことが分かるので，投資家にとってはポートフォリオAが選好されるとみなせる．つぎに，ポートフォリオCとDの関係をみると，この場合は，両方ともに同じポートフォリオ・リターン期待値をもっているが，ポートフォリオ標準偏差（投資リスク指標）の値はポートフォリオCの方がDよりも少ない．同じリターン期待値をもつポートフォリオのうちでは，その

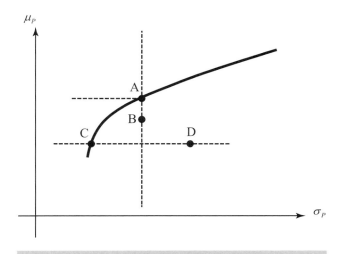

図5.8：ポートフォリオの選好関係

ポートフォリオ・リターン標準偏差が最小のポートフォリオ・リターンをもつポートフォリオを選択する投資家（リスク回避投資家[15]と呼ばれる）においては，ポートフォリオCが選好されるとみなせる．ポートフォリオAがBより選好される関係を $A \succ B$ と表すとすると，（図5.8）の4つのポートフォリオにおいては，

$$A \succ B, \quad C \succ D$$

という関係が成り立つ．ここで，$C \succ D$ という選好関係（preference relation）は，効率的ポートフォリオの導出においては，マーコヴィッツ基本モデルが所与のポートフォリオ・リターンの期待レベル値 r_p を実現できるポートフォリオのうちで最小のポートフォリオ・リターン標準偏差を求めるモデルであることから説明できる．したがって，効率的フロンティアの導出においては，リスク回避（risk aversion）型投資家に適合する最適ポートフォリオの集合が提示されているとみなせる．また，効率的フロンティア上の任意のポートフォリオにおいては，そのリターン期待値を超えかつそのリターン標準偏差を下回るポートフォリオが存在しない（例えば，（図5.8）の効率的ポートフォリオAを中心とした2つの破線で示される第Ⅱ象限に位置するポートフォリオが存在しない）という特徴が認められる．

5.4　最適ポートフォリオの選択

　前節において，効率的フロンティアと呼ばれるリスク回避型投資家にとって投資選択対象となり得るポートフォリオの集合が求められた．つぎに，そのうちから投資家はどのポートフォリオを最適な投資対象として選ぶことになるかを決定する必要がある．

　そのために，異なるポートフォリオ間の優劣比較において，リスク回避型投資家にとっては差がないと（感覚的に）みなされるポートフォリオ集合を求めることにしてみる．そこで，（図5.9）により，ポートフォリオの無差別曲線

---

[15] 仁科（2009）によると，「リスク回避者とは，リスクを含む結果の期待値（平均値）が等しければ，リスクの少ない安全な選択肢を選択する主体である（p.44）」とされている．

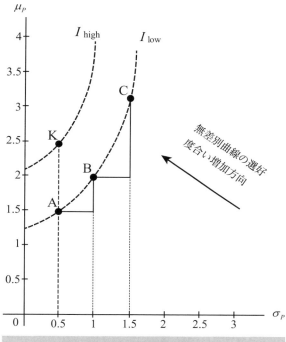

図 5.9：無差別曲線の定義と性質

(indifference curve) をながめてみる．

上図において，3つのポートフォリオ A, B, C の (σ_P, μ_P) 平面の座標値は

点 A：$(0.5, 1.47)$，　　点 B：$(1, 1.98)$，　　点 C：$(1.5, 3.12)$

であるとする．ここで，リスクレベルを一定値（この場合は 0.5）増やすと，それによりリターンはどの程度増えれば比較対象間のポートフォリオに差がないと投資家に判断されるかを尋ねたとしよう．その結果，これらの3点で表されるポートフォリオはこの投資家にとっては感覚的に差がないと判断されたとする．

このとき，リターンにおける増分をみてみると，

$$\mu_B - \mu_A = 1.98 - 1.47 = 0.51 < \mu_C - \mu_B = 3.12 - 1.98 = 1.14$$

つまり，変化率では

$$\frac{\mu_B - \mu_A}{\sigma_B - \sigma_A} = \frac{0.51}{0.5} < \frac{\mu_C - \mu_B}{\sigma_C - \sigma_B} = \frac{1.14}{0.5}$$

となるので,この投資家は,AとBのポートフォリオ比較では,リスク増分値0.5当たりその1.02倍のリターン増であればよかったが,BとCのポートフォリオ比較では,リスク増分値0.5当たり2.28倍のリターン増でなければならないと判断したことになる.リスク回避型の意思決定者は,リスクとリターンのトレードオフ関係(tradeoff relation)の捉え方として,リスクの増大に対しては,それを上回るリターンの増加が求められ,かつその増加する割合はリスクの増加につれて増加していく傾向があるといえる.他方で,この例におけるように,多数のポートフォリオ間の一対比較を具体的に行なうことは事実上困難であることから,ある(仮想的な)無差別曲線(図5.9では I_{low} と表示されている)が存在するとみなすことになる.

同様にして,(図5.9)において,ポートフォリオKをとおる無差別曲線も想定されることになる.ここで,ポートフォリオA, Kの関係は, $K \succ A$ であるから,無差別曲線 I_{high} 上の全てのポートフォリオは I_{low} 上のポートフォリオより選好されることになる.理論的には,このような無差別曲線は (σ_P, μ_P) 平面上無数に存在すると仮定され(例えば,(図5.10)には4つの無差別曲線が描かれている),左上隅の方向に位置する無差別曲線は意思決定者の選好度合が大きいことを示している[16].これらの曲線は,意思決定者(投資家)の選好関係の構造を表しているとみなせ,以下のような基本的な性質が知られている[17]:

① リスク回避型意思決定者の (σ_P, μ_P) 平面上での無差別曲線は,上向きの形状をとる.一般的には σ_P, μ_P の値が増加するにつれて,その曲線の傾きは急になる.

② 無差別曲線が交差することはない.

以上のように,意思決定者(投資家)の選好性を表す無差別曲線が与えられたならば,最適なポートフォリオの選択対象は(図5.10)において3点P, Q, Sを

---

[16] 選好関係に関する一般的な概念として効用理論(utility theory)があるが,本書での範囲を超えているのでここでは紹介しないが,例えば仁科他(2009)などを参照されたい.

[17] より詳細には,Sharpe(1970),Sharpe(1985)などを参照されたい.

とおる曲線で囲まれた境界を含む範囲全体となる．また，この意思決定者の4つの無差別曲線例 I_1, I_2, I_3, I_4 が与えられているが，そのうちで意思決定者の選好度合は上側に位置するものほど高いことが分かっている．したがって，無差別曲線群は下に凸な関数で与えられると仮定する[18]なら，ポートフォリオの集合全体の範囲のうちの1点である効率的ポートフォリオSが意思決定者にとって最適な選択対象となる．その理由は，効率的フロンティアは上に凸であり[19]，無差別曲線は下に凸で与えられており，効率的フロンティア曲線と

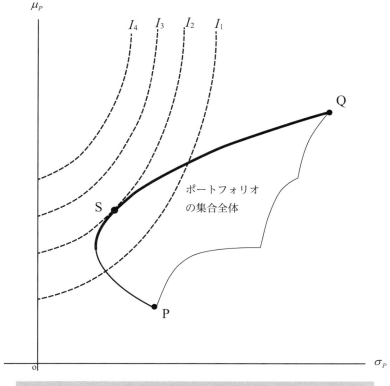

図 5.10：投資家の無差別曲線と最適ポートフォリオ

---

[18] リスク回避型投資家の効用関数が2次関数で定義される例も紹介されている（仁科他（2009）等を参照）．
[19] この性質の詳細については，Sharpe（1970），Elton *et al*（2011）などを参照されたい．

無差別曲線 I_2 は点 S において接する[20]からである．他方，選好度合が無差別曲線 I_2 より高い無差別曲線は存在するとはいえ，無差別曲線の性質②により，それらの曲線上の全ての点は投資可能なポートフォリオ集合の外部に位置することから，選択対象となり得ない．

以上から，Sharpe (1970) においても述べられているように，この意思決定者(投資家)の目的とは，ポートフォリオの集合全体の中から意思決定者にとって最も好ましい無差別曲線上にあるポートフォリオを決定することにあるといえる．

5.5　2次計画モデル (PQP) と MBM モデルの関係

マーコヴィッツの基本モデル MBM を 5.3 節にて紹介したが，そのモデルはポートフォリオ分散を投資制約 3 条件の下で最小化する形で表現されていた．本節では，このモデルが 4.4 節の最後に紹介したパラメトリックな 2 次関数を目的関数としてもつモデル(PQP)として表されることを述べる．

ここまでリスク／リターンの指標として (σ_P, μ_P) を用いてきたが，本節では，リスク指標としてはポートフォリオ分散 $V_P \equiv \sigma_P^2$ を用いることにする (すなわち，幾何的には (σ_P, μ_P) から (V_P, μ_P) 平面に変わる)．その理由の一つには，いずれのモデルにおいても，目的関数はポートフォリオ分散 V_P を直接に含む数式表現である点があげられる．

上述の目的のために，(図 5.11) のように，線形の無差別曲線の場合を紹介してみる[21]．(V_P, μ_P) 平面上で線形の無差別曲線の場合は，各無差別曲線の V_P 軸上の交点の座標値を γ と表すとすると，その直線は

$$V_P = \gamma + \lambda \mu_P \tag{5.17}$$

となる．ただし，通常の直線の式では，従属変数が縦軸 (この場合 μ_P) で独立

---

[20] 厳密な証明は省くが，このような最適ポートフォリオの存在は (図 5.10) から読み取れる．
[21] Sharpe(1970)(pp.56-59)に，この場合の詳細な分析がなされており，以下のような趣旨の指摘がなされている：(V_P, μ_P) 平面における線形の無差別曲線は (σ_P, μ_P) 平面上では凸な2次関数の第Ⅰ象限部分とみなせる．しかし，(V_P, μ_P) 平面上においても，そもそも線形の無差別曲線は人為的(artificial)であり，投資家の実際の選好性を表すものではない．

変数が横軸（この場合V_P）であるので，各無差別曲線の傾きは$1/\lambda$（$\lambda \neq 0$）とみなせる．ここで，4つの無差別直線I_1, I_2, I_3, I_4におけるV_P軸上の交点の座標値を$\gamma_1, \gamma_2, \gamma_3, \gamma_4$（ただし，$\gamma_1 > \gamma_2 > \gamma_3 > \gamma_4$）とするとき，（図5.11）のように表される．ここで，各無差別曲線はその傾きのパラメーター値$1/\lambda$は変わらず，また，無差別曲線は交差することがないことから，それぞれの無差別直線は互いに平行であり，無差別曲線はリスク指標がV_Pである場合においても，一般的に，左上に位置する無差別曲線が意思決定者にとって選好度合が高い．したがって，線形の無差別曲線の場合は，V_P軸上の交点の座標値γの値が小さいほど選好度合が高い無差別曲線を表しているとみなせる．

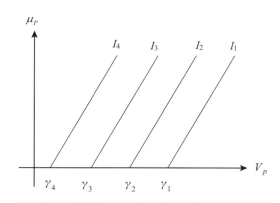

図 5.11：線形の無差別曲線の場合

この場合の最適ポートフォリオは，（図5.10）を参照すると（図5.12）の効率的ポートフォリオの点Eとなる．線形関数も凸関数であるので，この点Eをとおる接線I_{opt}が最大の選好度合をもつ無差別直線となる．

（図5.11）より，（5.17）式の無差別直線のV_P軸上の交点の座標値γが最小となる無差別直線により決定される最適な効率的ポートフォリオを求めることは，$\gamma = -\lambda \mu_P + V_P$であるので，次の最適化モデルとなる：

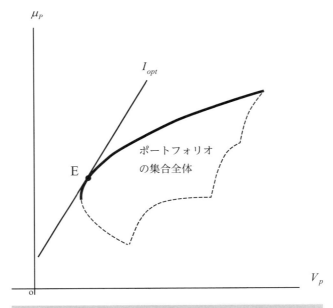

図 5.12：線形無差別曲線の最適ポートフォリオ

最小化　　　　$\gamma = -\lambda \mu_P + V_P$
制約条件：

$$\mu_P = \mathbf{\mu}^T \mathbf{x}$$
$$V_P = \mathbf{x}^T \mathbf{D} \mathbf{x}$$
$$\mathbf{e}^T \mathbf{x} = \sum_{i=1}^{n} x_i = 1$$
$$\mathbf{x} \geq \mathbf{0}$$

あるいは，意思決定変数により目的関数を表すと

最小化　　　　$z = -\lambda \mathbf{\mu}^T \mathbf{x} + \mathbf{x}^T \mathbf{D} \mathbf{x}$
制約条件：

$$\mathbf{e}^T \mathbf{x} = 1$$
$$\mathbf{x} \geq \mathbf{0}$$

したがって，このモデルの解はある λ の値についての最適ポートフォリオ（すなわち，図 5.12 の効率的ポートフォリオである点 E）を表すことになる．

つぎに，このパラメーター λ の値を変化させるとどうなるかを検討してみよう．(5.17) 式で与えられるパラメーター ($\lambda \neq 0$) の逆数 $1/\lambda$ は，既述の通り，無差別直線の傾きを表す．ここで，λ の値を 0 から ∞ に変化させてみる（ただし，$\lambda = 0$ の場合は別途処理する必要がある）．$\lambda = 0$ の場合には，無差別直線は縦軸と平行(つまり，傾きは非常に大きいあるいは無限大)であり，目的関数は $\gamma = -\lambda \mu_p + V_p$ であるので，$\gamma = V_p$ となる．すなわち，この場合は，先に述べた大域的最小分散ポートフォリオを求める問題になる（図 5.13 参照のこと）．つぎに，λ の値を無限大に近づけると，その逆数は限りなくゼロ値に近付くので，このときの無差別直線の傾きは 0 となる，すなわち，横軸 V_p 軸と平行の直線となる．この時の最適ポートフォリオは，効率的フロンティアの最大のリターン期待値をもつ株式銘柄だけで構成される効率的フロンティアの右端点が最適な効率的ポートフォリオとなることが分かる（図 5.13 を参照のこと）．

以上のことから，効率的フロンティアを構成する効率的ポートフォリオは，以下に述べる最適化モデル（PBM）の解はパラメーター λ を $\lambda \geqq 0$ の範囲において，0 から増加させて得られることになる：

パラメトリック 2 次計画モデル（PBM）：

最小化　　　$z = -\lambda \mathbf{\mu}^T \mathbf{x} + \mathbf{x}^T \mathbf{D} \mathbf{x}$

制約条件：

$\qquad \mathbf{e}^T \mathbf{x} = 1$

$\qquad \mathbf{x} \geqq \mathbf{0}, \quad \forall \lambda \geqq 0$

このモデルは第 4 章の末尾に紹介したパラメトリック 2 次計画モデル（PQP）と同じであることが確認できる（ただし，(PQP) では制約条件式が一般的な形式表現で与えられているが，ここでは，単一の投資比率制約 $\mathbf{e}^T \mathbf{x} = 1$ により与えられている）．したがって，第 4 章で扱った最大化問題のいくつかの解法が適用できることになる（最大化の場合の目的関数は，最大化 $w = \lambda \mathbf{\mu}^T \mathbf{x} - \mathbf{x}^T \mathbf{D} \mathbf{x}$

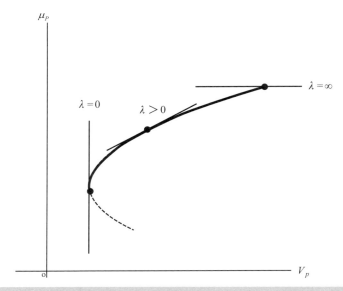

図5.13：線形無差別直線のパラメーターによる最適ポートフォリオ

で表されるが，最小化モデルにおいて，2次形式が正定値であるならば，最大化の場合は負定値となるので，結果として，目的関数は，最大化 $w = \lambda \boldsymbol{\mu}^T \mathbf{x} + \mathbf{x}^T \mathbf{D} \mathbf{x}$ と表され，最適値は $z^* = -w^*$ として得られることになる）．

　このパラメトリックな2次計画モデルの解法としては，クリティカル・ライン法（critical line method）と呼ばれるものが開発され，のちに改良された．さらに，投資対象となり得る株式銘柄についての投資比率に下限値，上限値を設定した標準形（standard problem）に適用された．その結果には，パラメーター値のある範囲内ではポートフォリオ構成比率は変化しない場合があること，また，いくつかのパラメーター値に対応してコーナー・ポートフォリオ（corner portfolio）が判別され，その隣接したパラメーター間の値では，各投資対象の構成比率の変化はパラメーターとの線形性が維持されない[22]ことなどが示されている．

　ここまで，投資対象としてリスクのある株式のみを対象としてきたが，実際

---

[22] この詳細については Markowitz(1956)，Markowitz(1990)，Sharpe(1970)等を参照されたい．

には短期国債，定期預金のように確実な収益が保証されている資産があり，これらは無危険資産（riskless assets）と呼ばれる[23]．以下では，投資リスクの無い投資対象をも含める場合について簡単に触れる[24]．ある無危険資産の確定リターンを r_F とすると，定義から，リターンの標準偏差はゼロである．

（図 5.14）において，点 A は無危険資産を表しており，その (σ_P, μ_P) 平面上の座標値は $(0, r_F)$ である．この点 A から先に得られている株式ポートフォリオの効率的フロンティアに接線を引くと，点 M で与えられる効率的ポートフォリオが決められる[25]．この点 M の座標値を (σ_M, μ_M) と表すことにする．この 2 点を結ぶ線分 $\overline{AM}$ 上の任意のポートフォリオを点 C とすると，（図 4.1）を参照するならば，点 C は点 A と点 M の凸結合で与えられることが分かる．

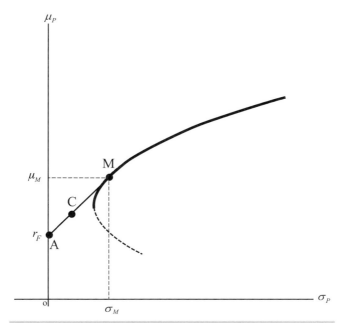

図 5.14：無危険資産を考慮する場合の効率的フロンティア

---

23) Elton *et al*(2011)，今野(2004)などに与えられている riskless asset の定義を参照した．
24) 詳細はファイナンスの教科書(Elton *et al*(2011)，Sharpe(1970)など)を参照されたい．
25) 今野（2004）に示されているように，共分散行列が正定値であれば一意にこの効率的ポートフォリオが決められる．

ここで，$0 \leq \gamma \leq 1$ である γ に対して，$\overline{AC} : \overline{CM} = \gamma : (1-\gamma)$ として点 C が与えられているとし，点 C の座標値を (σ_C, μ_C) と表すと，

$$\begin{pmatrix} \sigma_C \\ \mu_C \end{pmatrix} = (1-\gamma) \begin{pmatrix} 0 \\ r_F \end{pmatrix} + \gamma \begin{pmatrix} \sigma_M \\ \mu_M \end{pmatrix}$$

となるので，

$$\begin{pmatrix} \sigma_C \\ \mu_C \end{pmatrix} = \begin{pmatrix} 0 \\ (1-\gamma) r_F \end{pmatrix} + \begin{pmatrix} \gamma \sigma_M \\ \gamma \mu_M \end{pmatrix}$$

すなわち，$\sigma_C = \gamma \sigma_M \leq \sigma_M$ であり，$\mu_C = (1-\gamma) r_F + \gamma \mu_M$ となり，1番目の関係式より $\gamma = \sigma_C / \sigma_M$ であるので，2番目の関係式に代入すると，この線分の式は

$$\mu_c = r_F + \frac{\mu_M - r_F}{\sigma_M} \sigma_C \qquad (0 \leq \sigma_C \leq \sigma_M)$$

と表される．

　線分 $\overline{AM}$ 上のポートフォリオは，無危険資産の無い場合の接点 M より左側（すなわち，大域的最小分散ポートフォリオから点 M までの部分）の効率的フロンティア曲線の上側に位置することから，この範囲内では，同じリスクレベルでより大きいリターンが見込まれるので，線分 $\overline{AM}$ 上のポートフォリオが選好されることになる．この意味で効率的フロンティアは線分として描かれる．無危険資産に投資することは，金融機関，あるいは国に預金あるいは国債購入により資金を貸す (lending) とみなせる．逆に借入 (borrowing) 資金による投資機会を考慮する場合も考えられるわけであるが，その場合については本書では扱わないので，標準的なファイナンスの教科書を参照されたい．

〔補足 5.1〕[26]

Excel の標準 Add-in の一つである Solver（ソルバー）を VBA for Excel において利用するために，いくつかの Solver 関数が用意されている．関数名はいずれも Solver で始まる．

　おもな Solver 関数は以下のとおり：

① SolverReset：ソルバーのパラメーター設定をリセットする関数．

---

[26] 本補足の説明では，Albright(2007)を参照した．

(補足図 5.1.1) の「すべてリセット (R)」をクリックする効果をもたらす.
② SolverOk：(1) 目的セルの設定 (目的関数のセル位置), (2) 目標値の設定 (最適化の方向), (3) 変数セルの変更 (意思決定変数のセル範囲) という 3 つのパラメーター設定を (補足図 5.1.1) で実行する関数. (補足図 5.1.1) のパラメーター設定例においては,

　　SolverOk SetCell:="$B$22",

　　MaxMinVal:=2, ByChange:="$B$16:$E$16"

ここで, 引数 MaxMinVal の値は, 最大化問題では 1, 最小化問題では 2, ゴールシーク (補足図 5.1.1 において「指定値 (V)」の場合) では, 3 と設定する. その他のオプションとしては, (補足図 5.1.1) の「解決方法の選択 (E)」において, ドロップダウンリストの順番に, 1 番目＝GRG 非線形, 2 番目＝シンプレックス LP, 3 番目＝エボリュショナリーとなっているので, (補足図 5.1.1) の場合の設定は

　　SolverOk SetCell:="$B$22",

　　MaxMinVal:=2, ByChange:="$B$16:$E$16", Engine:=1

のように, 引数 Engine の値を 1 に設定すれば, 非線形汎用アルゴリズム GRG の利用が可能になる.

③ SolverAdd：制約条件式を追加する関数. 数理計画モデルでの制約条件式は左辺値 ($\leq$, ＝, $\geq$) 右辺値の 3 通りの表現が標準であるので, この関係式を Excel のセル関係式として定義する. (補足図 5.1.1) の「制約条件の対象 (U)」において, 1 番目のセル関係式は \$B\$20>=\$D\$20 で定義されているが, この関数を用いるなら,

　　SolverAdd CellRef:="$B$20", Relation:=3, FormulaText:="$D$20"

というステートメントで表現される. ここで, 引数 Relation の値は, 関係式 "<=" の場合は 1, "=" の場合は 2, ">=" の場合は 3 となっている. したがって, (補足図 5.1.1) で 3 つの制約条件を設定することは, 以下の 3 つのステートメントを実行することと同等である.

　　SolverAdd CellRef:="$B$20", Relation:=3, FormulaText:="$D$20"

　　SolverAdd CellRef:="$F$16", Relation:=2, FormulaText:="$H$16"

SolverAdd CellRef:="$B$16:$E$16", Relation:=3, FormulaText:="0"
④ SolverSolve：この関数はソルバーを実行し最適解の探索を行なう．（補足図 5.1.1）において，「解決（S）」をクリックすることと同等である．VBA マクロの実行時に繰り返してソルバーを利用する場合には，実行結果を示すダイアログボックスがその度に表示されるので，実行中にそのダイアログボックスの表示を抑えるオプションがあり，そのオプションの指定に際しては，

　　　SolverSolve UserFinish:=True
としてこの関数を利用できる．
なお，（補足図 5.1.1）のように予め Solver パラメーター設定を済ませて

補足図 5.1.1：ソルバーのパラメーターダイアログボックス

いる場合は，VBA コードにおいては，SolverSolve 関数のみの利用で十分である．つまり，①〜③の Solver 関数は(補足図5.1.1)のパラメーター設定をコード内で行なうことと同等であるとみなされるからである．

5.6 インデックス・モデルの展開

これまで述べてきたマーコヴィッツの MBM モデルにおけるモデルの定義では，投資対象となり得る n 銘柄について n 個のリターン期待値と標準偏差の推定に止まらず，${}_nC_2 = n(n-1)/2$ 個のリターン共分散データが必要となり，全体では，少なくとも $n(n+3)/2$ 個のデータが必要になる．この推定データの個数は n^2 に比例して増えていくことを示すことから，投資対象全体の銘柄数 n が増加するにつれて，分析に必要となる推定データの総数は急激に増加することが見込まれる（例えば，$n = 50$ のときには $n^2 = 2500$ であるが，$n = 1000$ であれば，$n^2 = 1000000$ となり，銘柄数が 20 倍になると推定データ数は $20^2 = 400$ 倍に増える[27]）．

ここで，銘柄の株価の変動は，TOPIX などの証券市場インデックス，さらには，GNP などのマクロな経済指標の動向に影響を受けることが推測されることから，個別銘柄のリターンがある指標値の線形回帰モデルで表されると仮定したモデル展開がなされた．すなわち，銘柄 j のリターン R_j は，証券市場インデックス I_M と以下のような関係により表されるとする：

$$R_j = a_j + b_j I_M + e_j \qquad (j = 1, 2, \cdots, n) \tag{5.18}$$

ただし，以下の(1)〜(3)の仮定を満たすとする：

(1) $E(e_i) = 0, \quad Var(e_i) = \sigma_i^2 \quad (j = 1, 2, \cdots, n)$ である，互いに独立な正規分布にしたがう．

---

[27] 今野 (2004) によると，モデル・データ構造が稀密（ゼロであるデータ数が少ない）な場合の計算量は少なくとも n^3 に比例して増加することから，20^3 倍，ほぼ 1 万倍以上に増加するとされている．

(2) $E(I_M) = \overline{I}_M$, $Var(I_M) = \sigma_I^2$ である正規分布にしたがう．

(3) $Cov(e_j, I_M) = 0$ $(j = 1, 2, \cdots n)$ または証券市場インデックス I_M と銘柄 j のリターン R_j の変動誤差は相関係数がゼロ（無相関），すなわち，$\rho_{I_m R_j} = 0$ である．

ここで，
$$\mu_i = E(R_i) = E(a_i + b_i I_M + e_i) = a_i + b_i \overline{I}_M$$
$$\sigma_i^2 = b_i^2 \sigma_I^2 + \sigma_i^2$$

であるので，
$$\begin{aligned} Cov(R_i, R_j) &= E\left[(R_i - \mu_i)(R_j - \mu_j)\right] \\ &= E\left[(a_i + b_i I_M + e_i - (a_i + b_i \overline{I}_M))(a_j + b_j I_M + e_j - (a_j + b_j \overline{I}_M))\right] \\ &= E\left[(b_i(I_M - \overline{I}_M) + e_i)(b_j(I_M - \overline{I}_M) + e_j)\right] \\ &= E\left[b_i b_j (I_M - \overline{I}_M)^2\right] + E\left[b_i(I_M - \overline{I}_M)e_j\right] + E\left[b_j(I_M - \overline{I}_M)e_i\right] + E(e_i e_j) \\ &= b_i b_j Var(I_M) + E(e_i e_j) \end{aligned}$$

すなわち，
$$Cov(R_i, R_j) = b_i b_j Var(I_M) + E(e_i e_j)$$
$$= \begin{cases} b_i b_j \sigma_I^2 & (i \neq j) \\ b_i^2 \sigma_I^2 + \sigma_i^2 & (i = j) \end{cases} \tag{5.19}$$

と表される．(5.19) 式によると，共分散行列を $\mathbf{C}$ と表すならば，ポートフォリオ分散 V_P は

$$\begin{aligned} V_P &= \mathbf{x}^T \mathbf{C} \mathbf{x} \\ &= \sum_{i=1}^n x_i^2 (b_i^2 \sigma_I^2 + \sigma_i^2) + \sum_{i=1}^n \sum_{j=1, j \neq i}^n b_i b_j \sigma_I^2 x_i x_j \\ &= \sum_{i=1}^n x_i^2 \sigma_i^2 + \sigma_I^2 \sum_{i=1}^n \sum_{j=1}^n b_i x_i b_j x_j \end{aligned}$$

すなわち，
$$V_P = \sum_{i=1}^n \sigma_i^2 x_i^2 + \sigma_I^2 \left(\sum_{j=1}^n b_j x_j\right)^2 \tag{5.20}$$

と表される．

したがって，以下の Sharpe のシングル・インデックス・モデル（Single Index Model: SIM）が定義される：

（SIM）

最小化 $\quad Z = \sum_{i=1}^{n} \sigma_i^2 x_i^2 + \sigma_I^2 x_{n+1}^2$

制約条件：

$$\sum_{j=1}^{n} \mu_j x_j \geq r_P \quad ①$$

$$x_{n+1} - \sum_{i=1}^{n} b_j x_j = 0 \quad ② \qquad (5.21)$$

$$\sum_{j=1}^{n} x_j = 1 \quad ③$$

$$x_1, x_2, \cdots, x_n \geq 0$$

この定式化において，新たに変数 x_{n+1} が導入され，制約条件②により定義されており，変数の個数は見かけ上 1 個増えているが，目的関数の行列は，対角要素を除いて他の成分はゼロとなる疎な行列（sparse matrix）であることから，n の値が大きい大規模なモデルにおいても，基本モデルに比して計算時間は減少されることが見込まれる．

Sharpe により提唱されたシングル・インデックス・モデルの拡張形として，株式リターンが複数のインデックスとの重回帰モデルにより表されるマルチ・インデックス・モデル（multi index model）がある[28]．このモデルにおいては，いくつかのインデックス（例えば，証券市場インデックス，GNP 等）$I_1, I_2, \cdots, I_L$ により，銘柄 j のリターン R_j が

$$R_j = a_j + \sum_{k=1}^{L} b_{jk} I_k + e_j \qquad (j = 1, 2, \cdots, n) \qquad (5.22)$$

として与えられると仮定されている．シングル・インデックス・モデルにおける仮定(1)〜(3)を同様にして設けるが，(3)については複数インデックスとの関連性から，以下のように拡張された仮定となっている：

---

[28] 今野（2004）によると，Perold, A. "Large-Scale Portfolio Optimization," *Management Science*, Vol.30 (1984), pp.1143-1160 において，計算手法の改善が提案されたとの指摘がなされている．

(3) $Cov(e_j, I_k) = 0$ （$j=1,2,\cdots n$ 及び $k=1,2,\cdots,L$）またはインデックス I_k ($k=1,2,\cdots,L$) と銘柄 j のリターン R_j は相関係数値がゼロ（無相関）すなわち，$\rho_{I_k R_j} = 0$ （$j=1,2,\cdots n$ 及び $k=1,2,\cdots,L$）である．

ここでは詳細を省く[29]が，銘柄間のリターン共分散は，シングル・インデックス・モデル同様に以下のように与えられる：

$$Cov(R_i, R_j) = \begin{cases} \sum_{r=1}^{L}\sum_{s=1}^{L} Cov(I_r, I_s) b_{ir} b_{js} & (i \neq j) \\ \sigma_i^2 + \sum_{r=1}^{L}\sum_{s=1}^{L} Cov(I_r, I_s) b_{ir} b_{js} & (i = j) \end{cases}$$

上式の結果を用いると，マルチ・インデックス・モデルにおける最適化モデルは，(SIM)の拡張形として，次の(MIM)のように定義される：

(MIM)

最小化　　$Z = \sum_{i=1}^{n} \sigma_i^2 x_i^2 + \sum_{r=1}^{L}\sum_{s=1}^{L} Cov(I_r, I_s) y_r y_s$

制約条件：

$$y_k - \sum_{j=1}^{n} b_{jk} x_j = 0 \quad (k=1,2,\cdots,L)$$

$$\sum_{j=1}^{n} \mu_j x_j \geq r_P$$

$$\sum_{j=1}^{n} x_j = 1$$

$$x_1, x_2, \cdots, x_n \geq 0$$

今野（2004）によると，一般的に，モデルに組み入れられるインデックス数 L が大きいときは，共分散部分の計算量はシングル・インデックス・モデルの場合よりは増加するが，重回帰分モデルにおける係数値 b_{jk} の多くがゼロ値をとることが多いことから，疎大行列（大規模な疎な行列（large scale sparse matrix））に対する数値計算技法の適用により，計算効率が向上し $n = 1000$ 程度のモデルも事実上解けるようになったとの指摘がなされている[30]．

ここまで，マーコヴィッツモデルとその発展形としてのインデックス・モデルの基本的な紹介を行ってきたが，取引費用（transaction cost）を考慮した場合

---

29) 銘柄間の共分散式の導出に係わる詳細は，今野(2004)，Sharpe(1970)などを参照されたい．
30) 今野(2004)においては，マルチ・インデックス・モデルに関するより詳細な検討がなされている．

のモデルの拡張など，モデル化の観点からすると重要ではあるが，本書では紹介していないトピックが他にもある．さらには，リスクを含む投資対象として株式を中心に述べてきたが，債券，オプション等を含む統合型ポートフォリオ・モデルなどの重要なモデルの紹介についても，本書では触れられていないことを改めて指摘させていただく．

参考文献

安藤四郎，駒木悠二『工科系のための　線形代数』(第 9 版) 裳華房，1984.

岩堀長慶 (編)『微分積分学』裳華房，1983.

今野　浩『線形計画法』日科技連，1991.

今野　浩『理財工学 I 平均・分散モデルとその拡張』日科技連，2004.

齊藤正彦『線形代数入門』基礎数学 1 東京大学出版会，1978.

坂和正敏，矢島均，西崎一郎『わかりやすい数理計画法』森北出版，2010.

末吉俊幸『DEA — 経営効率分析法 — (経営科学のニューフロンティア 10)』朝倉書店，2001.

高木貞治『解析概論』(改訂第 3 版) 岩波書店，1968.

刀根　薫『数理計画』(理工系基礎の数学 11) 朝倉書店，1985.

刀根　薫『経営効率性の測定と改善 — 包絡分析法 DEA による』日科技連，1993.

仁科一彦，倉澤資成『ポートフォリオ理論 — 基礎と応用』(現代ファイナンス講座 2) 中央経済社，2009.

日本オペレーションズ・リサーチ学会 編『OR 用語辞典』日科技連，2000.

枇々木規雄，田辺隆人『ポートフォリオ最適化と数理計画法』朝倉書店，2009.

福島雅夫『新版　数理計画入門』朝倉書店，2011.

伏見多美雄，福川忠昭，山口俊和『経営の多目標計画 — 目標計画法の考え方と応用例』森北出版，1987.

ホーマー，S. リーボヴィッツ，M.L. 著 (野村総合研究所訳)『債券投資分析の基礎 — 利回り数理の解明』日本経済新聞社，1976.

マンガサリアン，O.L. 著 (関根智明 訳)『非線形計画法』培風館，1972.

室田一雄，池上敦子，土谷　隆 編 (日本オペレーションズ・リサーチ学会監修)『シリーズ：最適化モデリング 1　モデリング — 広い視野を求めて — 』近代科学社，2015.

森　雅夫，森戸　晋，鈴木久敏，山本芳嗣『オペレーションズリサーチ I　数理計画モデル』(経営工学ライブラリー 3) 朝倉書店，1993.

ワグナー，H.M. 著 (森村英典・伊理正夫監訳　鈴木誠道・長谷彰共訳)『オペレーションズ・リサーチ入門 1 ＝線形モデル』培風館，1976.

Albright, S. Cristian, *VBA for Modelers: Developing Decision Support Systems with Microsoft Excel* (2nd Ed.), Duxburry, 2007.

Albright, S. Cristian, and Winston, Wayne L., *Spreadsheet Modeling and Applications: Essentials of Practical Management Science*, Thomson Books/Cole, 2005.

Anderson, D.R., Sweeney, D.J., and Williams, T.A., *An Introduction to Management Science -Quantitative Approaches to Decision Making*, South-Western College Publishing, 2000.

Apostol, T.M., *Mathematical Analysis*, Addison-Wesley Publishing Company, 1957.

Bazaraa, M.S., Jarvis, J.J., and Sherali, H. D., *Linear Programming and Network Flows*, (2nd Edition), John Wiley & Sons, Inc., 1990.

Bazaraa, M.S., Jarvis, J.J., and Sherali, H.D., *Nonlinear Programming: Theory and Algorithms*, (3rd Ed.), Wiley Interscience, John Wiley & Sons, Inc., 2006.

Charnes, A., and Cooper, W.W., "Programming with Linear Fractional Functionals," *Naval Logistics Quarterly*, Vol.9, No.3/4, 1962, pp.181-186.

Craven, B.D., *Fractional Programming*, Sigma Series in Applied Mathematics, Vol.4, Heldermann Verlag, Berlin, 1998.

Dinkelbach, W., "On Nonlinear Fractional Programming," *Management Science*, Vol.13, 1967, pp.492-498.

Elton, Edwin J., Gruber, Martin J., Brown, Stephen J., and Goetzmann, William N. *Modern Portfolio Theory and Investment Analysis* (8-th Edition), John Wiley & Sons, 2011.

Evans, J.P., and Steuer, R.E., "A Revised Simplex Method for Linear Multiple Objective Programs," *Mathematical Programming*, Vol.5, (No.1), 1973, pp.54-72.

Fong, H.G., and Vasicek, O.A., "A Risk Minimizing Strategy for Portfolio Immunization," *Journal of Finance*, Vol.39, No.5, 1984, pp.1542-1546.

Gantmacher, F. R. , *The Theory of Matrices Vol.1*, Chelsea Publishing Company, 1977.

Goicoechea, A., Hansen, A., and Duckstein, L., *Multiobjective Decision Analysis with Engineering and Business Applications*, Wiley, 1982.

Hadley, G., *Nonlinear and Dynamic Programming*, Addison-Wesley Publishing Company, 1970.

Hannan, E.L., "An Assessment of Some Criticisms of Goal Programming," *Computers and Operations Research*, Vol.12, No.6, 1985, pp.525-541.

Homer, S., and Leibowitz, M.L., *Inside the Yield Book-The Classic That Created the Science of Bond Analysis*, Bloomberg Press, 2004.

Hwang, C., and Masud, A., *Mutiple Objective Decision Making Methods and Applications: A State-of-Art Survey*, Springer Verlag, Berlin, 1979.

Ignizio, J.P., "Generalized Goal Programming-An Overview," *Computers and Operations Research*, Vol.10, No.4, 1983, pp.277-289.

Jarrow, R.A., Maksimovic, V., and Ziemba, W.T. (Ed.), *Handbooks in Operations Research and Management Science Vol. 9 Finance*, Elsevier Science Publishers, 1995.

Korhonen, P., Moskowitz, H., and Wallenius, J., "Multiple Criteria Decision Support-A Review," *European Journal of Operational Research*, Vol.63, 1992, pp.361-375.

Kornbluth, J.S.H., and Salkin, G.R., *The Management of Corporate Financial Assets: Applications of Mathematical Programming Models*, Academic Press, 1987.

Lemke, C.E., "On Complementary Pivot Theory," in *Mathematics of the Decision Sciences*, G.B. Dantzig and A.F. Veinott (Eds.), 1968.

Lin, W.T., "A Survey of Goal Programming Applications," *Omega*, Vol.8, No.1, 1980, pp.115-117.

Luenberger, David G., *Introduction to Linear and Nonlinear Programming*, Addison-Wesley Publishing Company, 1973.

Mangasarian, Olvi L., *Nonlinear Programming*, McGraw-Hill, 1969.

Markowitz, Harry M., *Mean-Variance Analysis in Portfolio Choice and Capital Markets*, Basil Blackwell Inc., 1990 (First published in paperback edition).

Markowitz, Harry M., *Porfolio Selection: Efficient Diversification of Investments*, John Wiley & Sons, 1959.

Markowitz, Harry M., "Portfolio Selection," *The Journal of Finance*, Vol.7, No.1, (March 1952), pp.77-91.

Markowitz, Harry M., "The Optimization of a Quadratic Function Subject to Linear Constraints," *Naval Research Logistics Quarterly*, Vol. 3, 1956, pp111-133.

Powell, S. G., and Baker, K.R., *The Art of Modeling with Spreadsheets-Management Science, Spreadsheet, Engineering, and Modeling Craft*, John Wiley & Sons, Inc., 2004.

Rardin, R.L., *Optimization in Operations Research*, Prentice-Hall, Inc., 2000.

Shapiro, R.D., *Optimization Models for Planning and Allocation: Text and Cases in*

Mathematical Programming, John Wiley & Sons, Inc., 1984.

Sharpe, W.F., *Portfolio Theory and Capital Markets*, McGraw-Hill Series in Finance, 1970.

Sharpe, W.F., *Investments* (3rd Ed.), Prentice-Hallm 1985.

Taylor, A.E., *Advanced Calculus*, Blaisdell Publishing Company, 1955.

Wagner, H.M., *Principles of Management Science: with Applications to Executive Decisions*, Prentice-Hall, 1970.

Wagner, H.M., *Principles of Operations Research with Applications to Managerial Decisions,* Prentice-Hall, Inc., 1975.

Winston, W.L., Albright, S.C., and Broadie, M., *Practical Management Science*, (2nd Ed.), Duxbury, 2001.

Wolfe, P., "The Simplex Method for Quadratic Programming," *Econometrica*, Vol.27, pp.382-398, 1959.

Zangwill, Willard I., *Nonlinear Programming-A Unified Approach*, Prentice-Hall, Inc., 1969.

Zeleney, M., *Multiple Criteria Decision Making*, McGraw-Hill, 1982.

索 引

【ア行】

意思決定者	1
意思決定主体（DMU）	101
Excel 関数	
COVARIANCE.P 関数	151
MDETERM 関数	143
MMULT 関数	167
SUMPRODUT 関数	19
TRASPOSE 関数	167
凹関数	118

【カ行】

カルーシュ・クーン・タッカー条件	132
期待値	152
共分散	155
行列, ベクトル	
逆行列	42
正則行列	41
対称行列	115
単位行列	42
単位ベクトル	61
転置	37
局所的最適解	128
許容解	26
許容集合	26
許容領域	36
近傍	114, 128
決定変数	8
勾配ベクトル	114
効率的基底解	83, 85
効率的フロンティア	82
効率的な解	77, 83
固有多項式	122
固有値問題	122
固有方程式	122
コンパクト集合	36

【サ行】

債券投資	13
格付け	14
最終利回り	13
最適化	8
最適値	8
CCR モデル	100
実行可能解	26
実行可能領域	26
シナリオ（将来の状況）	147
数理計画モデル	7, 17
制約条件	7
非負条件	10
目的関数	8
図式解法	25
正定値	121
制約関数	130
制約想定	131
線形計画モデル（LP）	18
右辺（RHS）	30
基底解	34
基底逆行列	42
基底行列	41

基底許容解	36		【タ行】	
基底変数	34	大域的最適解		128
係数行列	39	妥協解		93
最適性判定条件	50	D 効率性		104
左辺 (LHS)	30	定式化		5
弱双対定理	73	テーラー展開		125
人為変数	65	テーラーの定理		124
シンプレックス乗数	46	凸関数		117
シンプレックス表	63	凸結合		116
シンプレックス法	53	凸集合		117
スラック変数	31	凸性(関数)		125
線形性の公理	24	トレードオフ関係		82
双対性	70			
双対定理	74		【ナ行】	
双対問題	71	2 次形式		119
退化	51			
端点	28		【ハ行】	
非基底行列	41	パラメーター		12
非基底変数	34	半正定値		121
ピボット操作	62	半負定値		121
ピボット要素	62	ファーカスの補助定理		131
標準形 LP	33	負定値		121
Phase I LP	65	分散		154
余剰変数	31	ヘッセ行列		115
余裕変数	30	偏差変数		93
線形相補性問題	137	偏微分係数		114
線形分数計画モデル	97	包絡分析法(DEA)		100
選好性 (preference)	82	ポートフォリオ		145
相補性	137	効率的フロンティア		166
ソルバー	19, 167	最小分散ポートフォリオ		163
ゴールシーク	142	最適ポートフォリオ		166, 175
VBA ソルバー関数	182	選好関係		172
		大域的最小分散ポートフォリオ		179

統計量	
共分散	150
相関係数	150
標準偏差	149
分散	149
平均値	149
無危険資産	181
無差別曲線	173
リターン（収益率，利回り）	9, 146
リターン期待値	153, 156
リターン標準偏差	155, 157
リターン分散	155, 156
シングル・インデックス・モデル	187
マーコヴィッツ基本モデル	164
マルチ・インデックス・モデル	188

【マ行】

目標計画(GP)モデル	94
目標制約条件式	93
目標値 (goal value)	76, 93
モデル	1
実物モデル	2
数学的モデル	3
有形モデル	2
モデル・ベース	4

【ヤ行】

優位集合(参照集合)	105
有効制約	130
余因子	59, 123

【ラ行】

ラグランジュ関数	130
ラグランジュ乗数	130
リスク回避型投資家	172
理想解 (ideal solution)	77
連続的微分可能	127

【ワ行】

ワークシート・評価モデル	19

■著者紹介

西村　康一（にしむら　こういち）
　1950 年　　東京都に生まれる
　1977 年　　インディアナ大学経営大学院修了 (M.B.A.)
　1984 年　　ケース・ウェスタン・リザーブ大学 OR 学科博士課程修了 (Ph.D.)
　現　　在　　亜細亜大学経営学部経営学科教授

数理計画とポートフォリオ選択モデル入門

2017 年 7 月 28 日　第 1 刷発行

著　者	西村　康一　　©Koichi Nishimura, 2017	
発行者	池上　淳	
発行所	株式会社　現　代　図　書	
	〒 252-0333　神奈川県相模原市南区東大沼 2-21-4	
	TEL　042-765-6462（代）	FAX　042-701-8612
	振替口座　00200-4-5262	ISBN　978-4-434-23537-5
	URL　http://www.gendaitosho.co.jp	E-mail　info@gendaitosho.co.jp
発売元	株式会社　星　雲　社	
	〒 112-0005　東京都文京区水道 1-3-30	
	TEL　03-3868-3275（代）	FAX　03-3868-6588

印刷・製本　モリモト印刷株式会社

落丁・乱丁本はお取り替えいたします。　　　　　　　　　　　　　　Printed in Japan
本書の内容の一部あるいは全部を無断で複写複製（コピー）することは
法律で認められた場合を除き、著作者および出版社の権利の侵害となります。